육군부사관

지적능력평가 모의고사

제 1 회	영 역	공간능력, 지각속도, 언어논리, 자료해석
	문항수	93문항
	시 간	80분

SEOWONGAK
(주)서원각

제1회 지적능력평가

>> 공간능력

18문항/10분

┃1~4┃ 다음 입체도형의 전개도로 알맞은 것을 고르시오.

- 입체도형을 전개하여 전개도를 만들 때, 전개도에 표시된 그림(예 : ▮▮, ◣, ▬ 등)은 회전의 효과를 반영함. 즉, 본 문제의 풀이과정에서 보기의 전개도 상에 표시된 ▮▮과 ▬는 서로 다른 것으로 취급함.
- 단, 기호 및 문자(예 : ☇, ☎, ♨, K, H)의 회전에 의한 효과는 본 문제의 풀이과정에 반영하지 않음. 즉, 입체도형을 펼쳐 전개도를 만들었을 때 ☏의 방향으로 나타나는 기호 및 문자도 보기에서는 ☎방향으로 표시하며 동일한 것으로 취급함.

1.

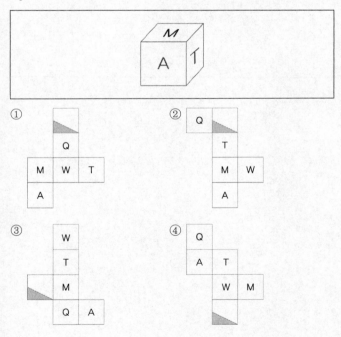

2.

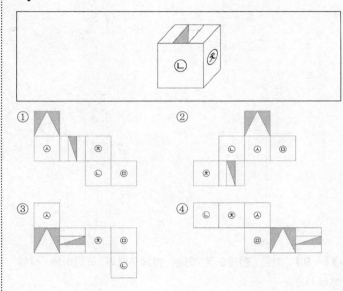

3.

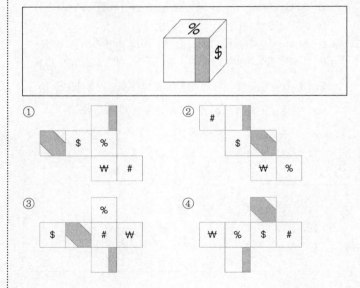

4.

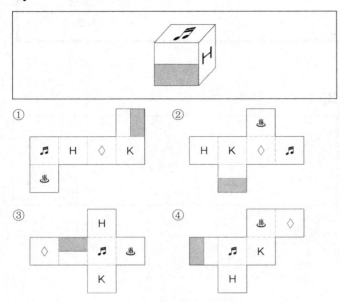

▌5~9▐ 다음 전개도로 만든 입체도형에 해당하는 것을 고르시오.

- 전개도를 접을 때 전개도 상의 그림, 기호, 문자가 입체도형의 겉면에 표시되는 방향으로 접음.
- 전개도를 접어 입체도형을 만들 때, 전개도에 표시된 그림(예 : ▌, ◣, ▌등)은 회전의 효과를 반영함. 즉, 본 문제의 풀이과정에서 보기의 전개도 상에 표시된 ▌과 ▬는 서로 다른 것으로 취급함.
- 단, 기호 및 문자(예 : ♨, ☎, ♨, K, H)의 회전에 의한 효과는 본 문제의 풀이과정에 반영하지 않음. 즉, 전개도를 접어 입체도형을 만들었을 때 방향으로 나타나는 기호 및 문자도 보기에서는 ☎방향으로 표시하며 동일한 것으로 취급함.

5.

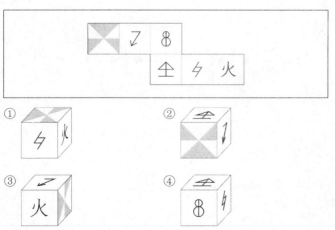

6.

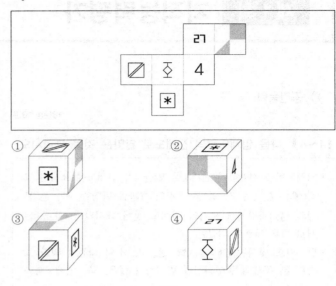

7.

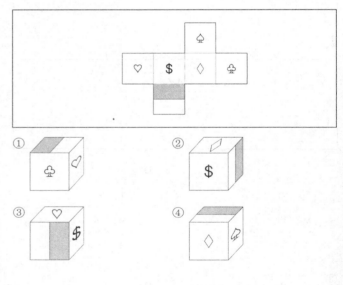

8.

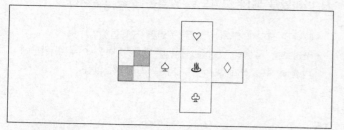

① 　②

③ 　④

9.

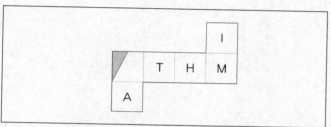

① 　②

③ 　④

【10~14】 다음 아래에 제시된 그림과 같이 쌓기 위해 필요한 블록의 수를 고르시오. (단, 블록은 모양과 크기는 모두 동일한 정육면체이다)

10.

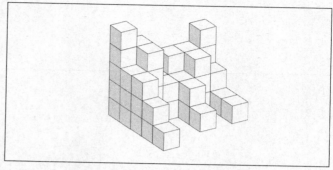

① 42　② 44

③ 46　④ 48

11.

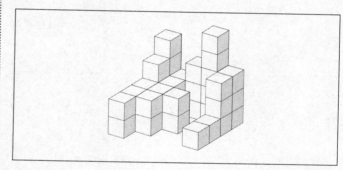

① 32　② 36

③ 39　④ 41

12.

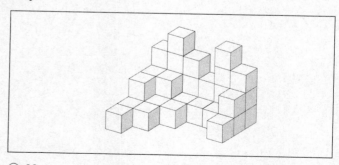

① 38　② 36

③ 34　④ 32

13.

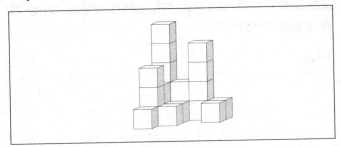

① 17　　　　　　　② 21

③ 24　　　　　　　④ 27

14.

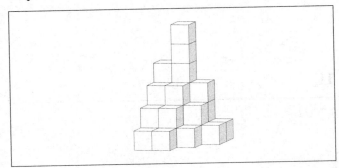

① 20　　　　　　　② 25

③ 30　　　　　　　④ 35

┃15~18┃ 아래에 제시된 블록들을 화살표 표시한 방향에서 바라봤을 때의 모양으로 알맞은 것을 고르시오.

- 블록은 모양과 크기는 모두 동일한 정육면체임
- 바라보는 시선의 방향은 블록의 면과 수직을 이루며 원근에 의해 블록이 작게 보이는 효과는 고려하지 않음

15.

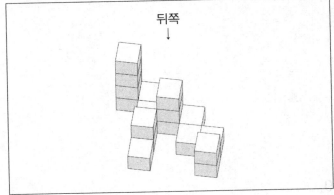

① ② ③ ④

16.

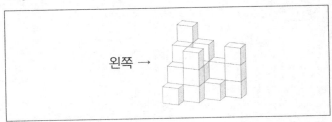

왼쪽 →

① ② ③ ④

17.

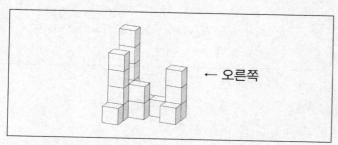

← 오른쪽

①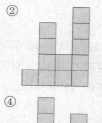

②

③

④

18.

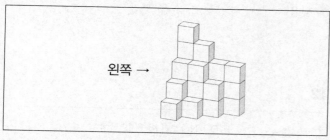

왼쪽 →

①

②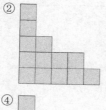

③

④

┃1~5┃ 아래 〈보기〉의 왼쪽과 오른쪽 기호의 대응을 참고하여 각 문제의 대응이 같으면 답안지에 '① 맞음'을, 틀리면 '② 틀림'을 선택하시오.

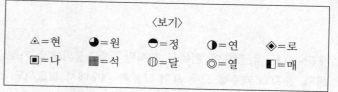

1.

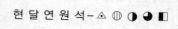

현 달 연 원 석 − △ ◫ ◖ ◕ ▮

① 맞음　　　　　② 틀림

2.

로 나 달 정 매 − ◈ ▣ ◫ ◕ ▮

① 맞음　　　　　② 틀림

3.

석 현 연 나 정 − ▦ △ ◎ ▣ ◖

① 맞음　　　　　② 틀림

4.

원 매 로 달 현 − ◕ ▮ ◈ ◫ △

① 맞음　　　　　② 틀림

5

5.

정 열 석 달 연 - ◗◎▓❙◑◖

① 맞음　　　　　　② 틀림

┃6~10┃ 각 문제의 왼쪽에 표시된 굵은 글씨체의 기호, 문자, 숫자의 개수를 모두 세어 오른쪽 개수에서 찾으시오.

6.

⊠　　　▢▢+⊠⊟⊤⊟⊟+⫿▨▨⊠⟈⊟+⊟▨

① 1개　　　　　　② 2개
③ 3개　　　　　　④ 4개

7.

↦　　　⇜⇤⇥⇛↠↤⇄⇥⇂↺↻↷⇎⇳⇚↲↵

① 1개　　　　　　② 2개
③ 3개　　　　　　④ 4개

8.

N　　　‰℃‱N𝓛𝓜™℔‰‰℃℃℔№℀℉℈‰℃

① 1개　　　　　　② 2개
③ 3개　　　　　　④ 4개

9.

ㄹ　　　두 볼에 흐르는 빛은 정작으로 고와서 서러워라

① 2개　　　　　　② 3개
③ 4개　　　　　　④ 5개

10.

c　　　Don't cry snowman right in front of me Who will catch your tears

① 1개　　　　　　② 2개
③ 3개　　　　　　④ 4개

┃11~15┃ 다음 〈보기〉에 주어진 문자와 숫자의 대응을 참고하여 각 문제의 대응이 같으면 답안지에 '① 맞음'을, 틀리면 '② 틀림'을 선택하시오.

〈보기〉																		
A	C	B	M	T	D	L	N	E	K	O	F	J	P	G	S	H	Q	I	R
0	8	9	1	4	7	5	3	2	11	6	10	13	18	15	14	17	12	19	16

11.

B R O A D − 9 16 6 0 7

① 맞음　　　　　　② 틀림

12.

P O I N T − 18 6 19 3 4

① 맞음　　　　　　② 틀림

13.

T E A C H E R − 4 2 0 8 16 2 16

① 맞음　　　　　　② 틀림

14.

A D M I R E R – 0 7 1 19 16 3 16

① 맞음　　　　　② 틀림

15.

L O O K I N G – 5 6 6 11 19 3 15

① 맞음　　　　　② 틀림

16~20 다음 〈보기〉에 주어진 문자와 숫자의 대응을 참고하여 각 문제의 대응이 같으면 답안지에 '① 맞음'을, 틀리면 '② 틀림'을 선택하시오.

〈보기〉

ㄱ	ㅍ	ㅎ	ㅌ	ㅏ	ㅓ	ㅋ	ㄴ	ㅗ	ㅊ	ㄷ	ㅈ	ㅡ	ㄹ	ㅇ	ㅜ	ㅁ	ㅣ	ㅂ
5	20	12	13	4	6	14	7	19	8	18	15	3	9	10	16	17	2	11	1

16.

ㄱ ㅏ ㅈ ㅗ ㄱ – 5 4 15 19 5

① 맞음　　　　　② 틀림

17.

ㅅ ㅣ ㄴ ㅂ ㅏ ㄹ – 2 11 7 1 6 9

① 맞음　　　　　② 틀림

18.

ㅇ ㅏ ㅍ ㅡ ㄹ ㅣ ㅋ ㅏ – 10 4 20 3 9 1 14 4

① 맞음　　　　　② 틀림

19.

ㅎ ㅗ ㄹ ㅜ ㄹ ㅏ ㄱ ㅣ – 12 19 9 16 9 4 5 11

① 맞음　　　　　② 틀림

20.

ㄱ ㅣ ㅊ ㅏ ㅇ ㅏ ㄴ – 5 11 18 4 10 4 7

① 맞음　　　　　② 틀림

21~25 아래 〈보기〉의 왼쪽과 오른쪽 기호의 대응을 참고하여 각 문제의 대응이 같으면 답안지에 '① 맞음'을, 틀리면 '② 틀림'을 선택하시오.

〈보기〉

ㄱ = ★　　　ㄴ = ○　　　ㄷ = ◇　　　ㄹ = §　　　ㅁ = ■

ㅊ = ◆　　　ㅈ = ◎　　　ㅇ = ☆　　　ㅅ = ▲　　　ㅂ = △

21.

ㅊ ㄱ ㅇ ㅅ ㅁ – ◆ ★ ☆ △ ■

① 맞음　　　　　② 틀림

22.

ㄴ ㅅ ㅂ ㅈ ㄹ – ○ ▲ △ ◎ §

① 맞음　　　　　② 틀림

23.

ㅅ ㄹ ㄷ ㅁ ㅈ ㄱ – ▲ § ◇ ■ ◎ ★

① 맞음　　　　　② 틀림

24.

ㄴㄱㅇㅅㅈㄱ - ○ ★ ☆ △ ◎ ★

① 맞음　　　　　　　　② 틀림

25.

ㅇㄹㄱㅊㅈㄷㄴ - ☆ § ★ ◆ ◎ ◇ ○

① 맞음　　　　　　　　② 틀림

┃26~30┃ 다음에서 각 문제의 왼쪽에 표시된 굵은 글씨체의 기호, 문자, 숫자의 갯수를 모두 세어 오른쪽 개수에서 찾으시오.

26.

ㄹ	하와이 호놀룰루 대한민국총영사관

① 1개　　　　　　　　② 2개
③ 3개　　　　　　　　④ 4개

27.

3	579135491354219543548415763554

① 2개　　　　　　　　② 4개
③ 6개　　　　　　　　④ 8개

28.

e	He wants to join the police force

① 2개　　　　　　　　② 4개
③ 6개　　　　　　　　④ 8개

29.

R	ITS RESTAURANT IS RUN BY A TOP CHEF

① 1개　　　　　　　　② 2개
③ 3개　　　　　　　　④ 4개

30.

(나)	(파)(하)(나)(라)(파)(하)(차)(사)(나)(가)(타)(파)(사)(바)(차)(자)(바)(라)(나)(마)

① 1개　　　　　　　　② 2개
③ 3개　　　　　　　　④ 4개

┃1~5┃ 다음 밑줄 친 ㉠ 부분과 같은 의미로 사용된 것을 고르시오.

1.

> 시각적인 형태로 복합적인 정보를 나타냈다고 해서 다 좋은 인포그래픽은 아니다. 정보를 한눈에 파악하게 하는지, 단순한 형태와 색으로 구성됐는지, 최소한의 요소로 정보의 관계를 나타냈는지, 재미와 즐거움을 ㉠주는지를 기준으로 좋은 인포그래픽인지를 판단해 봐야 한다.

① 정이 많은 선호는 버려진 강아지를 불러와서 먹이를 주곤 했다.
② 머릿속의 암세포는 나에게 고통을 주었지만 영감의 원동력이 되기도 했다.
③ 한두 번 주의를 주었지만 그의 태도는 나아지지 않았다.
④ 감기가 심한 환자에게 엉덩이 주사를 주었다.
⑤ 운동회에는 관심이 없다고 했지만 그는 줄다리기를 이기기 위해 손에 힘을 잔뜩 주었다.

2.

> 내가 이를 위하여 가엾게 여겨 새로 스물여덟 자를 만드니, 모든 사람들로 하여금 쉽게 익혀 날마다 ㉠쓰는 데 편하게 하고자 할 따름이다.

① 정확한 발차기를 위해서는 허리를 쓰는 법도 배워야 한다.
② 그는 사고를 당한 이후부터는 무엇을 먹어도 쓰다고 말했다.
③ 이동하는 데에 너무 많은 시간을 쓰는 것이 아쉬웠다.
④ 남편은 자신에게 마음 쓰지 말라고 말했지만 나는 그를 꼭 안아주었다.
⑤ 새로 온 사람이 대뜸 반말을 쓴다고 불평이었지만 두 사람은 동갑이었다.

3.

> 인상주의 비평은 모든 분석적 비평에 대해 회의적인 시각을 ㉠가지고 있어 예술을 어떤 규칙이나 객관적 자료로 판단할 수 없다고 본다.

① 소년은 운동을 잘하지 못했지만 공부에 흥미를 가지고 있었다.
② 나는 핸드폰을 가지러 2층으로 올라가는 바람에 두 사람이 하는 이야기를 듣지 못했다.
③ 당연히 그는 한국인이라고 생각했지만 그는 미국 국적을 가지고 있었다.
④ 큰언니가 아기를 가지자 집안의 분위기가 달라졌다.
⑤ 그는 나보다 훨씬 더 많은 형제를 가지고 있어서 사교성이 좋았다.

4.

> 운동을 하는 근육은 계속해서 에너지를 생성하기 위해 산소를 요구한다. 혈액 도핑은 혈액의 산소 운반능력을 증가시키기 위해 고안된 기술이다. 자기 혈액을 이용한 혈액도핑은 운동선수로부터 혈액을 ㉠뽑아 혈장은 선수에게 다시 주입하고 적혈구는 냉장 보관하다가 시합 1~7일 전에 주입하는 방법이다.

① 꽃밭에서 잡초를 뽑고 돌아오면 온 몸에서 꽃향기가 났다.
② 노름판에서 본전이라도 뽑고 나갔다는 사람은 보지 못했다.
③ 타이어에 바람을 조금 뽑아내자 시승감이 훨씬 좋아졌다.
④ 기계에서 가래떡이 시원하게 뽑아져 나왔다.
⑤ 진우는 팀의 주장으로 뽑힌 것이 내심 기분 좋은 모양이었다.

5.

겸재 정선이나 단원 김홍도, 혹은 혜원 신윤복의 그림에서도 이런 정신을 찾을 수 있다. 이들은 화보모방주의의 인습에 반기를 들고, 우리나라의 정취가 넘치는 자연을 묘사하였다. 더욱이 그들은 산수화나 인물화에 말라붙은 조선시대의 화풍에 항거하여, '밭가는 농부', '대장간 풍경', '서당의 모습', '씨름하는 광경', '그네 뛰는 아낙네' 등 현실 생활에서 제재를 ㉠취한 풍속화를 대담하게 그렸다. 이것은 당시에는 혁명과도 같은 사실이었다. 그러나 오늘날에는 이들의 그림이 민족 문화의 훌륭한 유산으로 생각되고 있는 것이다.

① 아버지는 나의 직업 선택에 대하여 관망하는 듯한 태도를 취하고 계셨다.
② 그는 엉덩이를 의자에 반만 붙인 채 당장에라도 일어설 자세를 취하고 있었다.
③ 차려 자세를 취하다.
④ 동생으로부터 몇 가지 필요한 물건들을 취한 대가로 여자 친구를 소개시켜 주기로 했다.
⑤ 수술 후 어머니는 조금씩 음식을 취하기 시작하였다.

┃6~7┃ 다음 글을 읽고 물음에 답하시오.

거사가 거울 하나를 갖고 있었는데, 먼지가 끼어서 흐릿한 것이 마치 구름에 가린 달빛 같았다. 그러나 그 거사는 아침저녁으로 이 거울을 들여다보며 얼굴을 가다듬곤 했다. 한 나그네가 거사를 보고 이렇게 물었다.
"거울이란 얼굴을 비추어 보거나, 군자가 거울을 보고 그 맑음을 취하는 것으로 알고 있습니다. 지금 당신의 거울은 안개가 낀 것처럼 흐려서 둘 다 할 수 없습니다. 그럼에도 당신은 항상 그 거울에 얼굴을 비춰 보고 있으니, 그것은 무엇 때문입니까?"
"얼굴이 잘생긴 사람은 맑은 거울을 좋아하겠지만, 얼굴이 못생긴 사람은 오히려 싫어할 것입니다. 그러나 잘생긴 사람은 적고 못생긴 사람은 많습니다. 못생긴 사람이 맑은 거울을 본다면 반드시 깨뜨릴 것입니다. 그러니 깨뜨려질 바에야 차라리 먼지에 흐려진 채로 두는 편이 나을 것입니다. 먼지로 흐려진 것은 겉은 흐릴지라도 그 맑은 바탕은 없어지지 않으니, 잘생긴 사람을 만난 후에 갈고 닦아도 늦지 않습니다. 아! 옛날에 거울을 보는 사람들은 그 맑음을 취하기 위함이었지만 내가 거울을 보는 것은 오히려 흐림을 취하고자하는 것인데, 그대는 어찌 이를 이상하다 생각합니까?" 하니,
나그네는 아무 대답이 없었다.

― 이규보, 「경설」―

6. 제시된 글에 대한 특징으로 옳지 않은 것은?

① 거사와 나그네의 대화 형식으로 전개되고 있다.
② 인물 간의 갈등이 해소되면서 교훈이 드러난다.
③ 거울이라는 사물을 통해 올바른 삶의 자세를 드러낸다.
④ 통념을 깨뜨리는 방식으로 작가의 의도를 드러낸다.
⑤ 거사의 입을 빌려 글의 주제가 드러난다.

7. 주어진 글에서 '나그네'의 역할로 적절한 것은?

① 주된 대상에 대해 새로운 개념을 제시한다.
② 벌어진 사건의 외부 관찰자로서 객관적인 의견을 제시한다.
③ 통념을 제시하여 상대가 새로운 이치를 주장할 기회를 제공한다.
④ 사건을 요약하여 독자의 이해를 높이고 있다.
⑤ 독자로 하여금 카타르시스를 느낄 수 있도록 한다.

8. 다음 글의 빈칸에 들어갈 문장으로 가장 적절한 것은?

나무도마는 칼을 무수히 맞고도 칼을 밀어내지 않는다. 상처에 다시 칼을 맞아 골이 패고 물에 쓸리고 물기가 채 마르기 전에 또 다시 칼을 맞아도 리드미컬한 신명을 부른다. 가족이거나 가족만큼 가까운 사이라면 한번쯤 느낌직한, 각별한 예의를 차리지 않다 보니 날것의 사랑과 관심은 상대에게 상처주려 하지 않았으나 상처가 될 때가 많다. 칼자국은 (   ) 심사숙고하는 문어체와 달리 도마의 무늬처럼 걸러지지 않은 대화가 날것으로 살아서 가슴에 요동치기도 한다. 그러나 칼이 도마를 겨냥한 것이 아니라 단지 음식재료에 날을 세우는 것일 뿐이라는 걸 확인시키듯 때론 정감 어린 충고가 되어 찍히는 칼날도 있다.

① 나무도마를 상처투성이로 만든다.
② 문어체가 아닌 대화체이다.
③ 세월이 지나간 자리이다.
④ 매섭지만 나무도마를 부드럽게 만든다.
⑤ 나무도마의 가치를 떨어뜨린다.

9. 다음 글을 읽고 추론한 것으로 옳지 않은 것을 보기에서 모두 고르면?

인공강우는 구름을 이루는 작은 수증기 입자들이 서로 잘 뭉쳐 물방울로 떨어지도록 구름씨(응결핵)를 뿌려주는 것을 말한다. 자연적으로는 작은 얼음 결정이 구름씨 역할을 하는데 인공강우의 경우 항공기로 구름에 요오드화은(AgI)이나 드라이아이스(CO_2) 입자를 살포하는 방법이 가장 일반적이다.

문제는 인공강우를 내리려면 비를 내릴 수 있을 정도의 수분을 가진 구름이 있어야 한다는 점이다. 일반적으로 고농도 미세먼지는 한반도가 고기압 영향권에 들어가 대기가 정체될 때 오염물질이 쌓이면서 발생하는데, 이런 고기압 상태에서는 구름이 없고 날씨가 맑다. 이와 같이 구름이 없으면 아무리 많은 구름씨를 뿌려줘도 비를 내릴 수 없다.

구름이 있다 해도 인공강우로 내릴 수 있는 비의 양은 시간당 $0.1 \sim 1mm$에 불과하다. 미세먼지를 쓸어내리기에는 부족한 양이다. 기존에도 국립기상과학원은 가뭄 해소를 위한 대안으로 인공강우 실험을 해왔는데 9차례의 시도 중 4차례 비를 만드는 데 성공하긴 했지만 비의 양이 매우 적은 것으로 확인했다.

또한 인공강우를 활용한 미세먼지 저감은 효과가 있다고 하더라도 일시적일 뿐이다. A 교수는 "대기오염물질의 배출량을 근본적으로 줄이지 않으면, 비가 온 뒤 잠깐 깨끗해질 순 있어도 곧 미세먼지는 다시 생성될 것"이라며 "인공강우 실험은 미세먼지 문제의 근본적인 해결 방안이 될 수 없다."라고 지적했다.

인공강우의 부작용도 고려해야 한다. 자연적으로는 구름이 이동하면서 비를 내리는데 특정 지역에서 구름의 수분을 인위적으로 다 써버리면 다른 지역에 비가 덜 내리게 된다. 또 대기질 개선을 위해 대량으로 요오드화은을 살포할 경우 떨어진 비가 토양을 오염시키거나 생태계에 악영향을 줄 수도 있다.

국립기상과학원 관계자는 "해외에서 인공강우의 주목적은 비를 내릴 수 있는 구름이 있을 때 강우량을 늘리는 데 있다."라고 설명했다. A 교수는 "주류 과학계에서는 오랜 기간에 걸쳐 가뭄 해소를 위해 인공강우 연구를 해왔지만 그 효과에 대해 회의적인 결론을 내렸다."라며 "마치 인공강우가 미세먼지를 해결해 줄 수 있는 것처럼 홍보하는 것은 바람직하지 않다."라고 말했다.

〈보기〉
㉠ 최초의 인공강우 실험은 항공기로 구름에 요오드화은(AgI)이나 드라이아이스(CO_2) 입자를 살포하는 방법을 사용하였다.
㉡ 국립기상과학원의 인공강우 실험이 성공하였을 때 내린 비의 양은 $0.1 \sim 1mm$ 정도였을 것이다.
㉢ 미세먼지 문제를 해결하기 위해서는 대기오염물질의 배출량을 줄여야 한다.
㉣ 주류 과학계에서는 미세먼지 해소를 위해 장기간 인공강우 연구를 해왔으나, 효과가 미미하다는 결론을 도출하였다.

① ㉠㉡
② ㉠㉡㉢
③ ㉠㉡㉣
④ ㉡㉢
⑤ ㉢㉣

10. 다음에 나타난 사회 방언의 특징으로 적절한 것은?

갑자기 쓰러져서 병원에 실려 온 환자를 진찰한 후

의사 1 : 이 환자의 상태는 어떻지?
의사 2 : 아직 확진할 순 없지만, 스트레스로 인하여 심계항진에 문제가 보이고, 안구진탕과 연하곤란까지 왔어. 육안 검사로는 힘드니까 자세한 검사를 해봐야 알 것 같아.
의사 1 : CT 촬영만으로는 판단이 어렵겠는걸. MRI 촬영 검사를 추가하여 검사해 봐야겠군.
의사 2 : 그렇게 하지.

① 성별의 영향을 많이 받는다.
② 세대에 따라 의미를 다르게 이해한다.
③ 업무를 효과적으로 수행하는 데 도움을 준다.
④ 듣기 거북한 말에 대해 우회적으로 발화한다.
⑤ 일시적으로 유행하는 말을 많이 만들어 쓴다.

11. 다음은 라디오 프로그램의 일부이다. 이 방송을 들은 후 '나무 개구리'에 대해 보인 반응으로 가장 적절한 반응은?

여러분, 개구리는 물이 없거나 추운 곳에서는 살기 어렵다는 것은 알고 계시죠? 그리고 사막은 매우 건조할 뿐 아니라 밤과 낮의 일교차가 매우 심해서 생물들이 살기에 매우 어려운 환경이라는 것도 다 알고 계실 겁니다. 그런데 이런 사막에 서식하는 개구리가 있다는 것은 알고 계십니까? 바로 호주 북부에 있는 사막에 살고 있는 '나무 개구리'를 말하는 것인데요. 이 나무 개구리는 밤이 되면 일부러 쌀쌀하고 추운 밖으로 나와 나무에 앉았다가 몸이 싸늘하게 식으면 그나마 따뜻한 나무 구멍 속으로 다시 들어간다고 합니다. 그러면 마치 추운 데 있다 따뜻한 곳으로 갔을 때 안경에 습기가 서리듯, 개구리의 피부에 물방울이 맺히게 됩니다. 바로 그 수분으로 나무 개구리는 사막에서 살아갈 수 있는 것입니다. 메마른 사막에서 추위를 이용하여 물방울을 얻어 살아가고 있는 나무 개구리가 생각할수록 대견하고 놀랍지 않습니까?

① 척박한 환경에서도 생존의 방법을 찾아내고 있군.
② 천적의 위협에 미리 대비하는 방법으로 생존하고 있군.
③ 동료들과의 협력을 통해서 어려운 환경을 극복하고 있군.
④ 주어진 환경을 자신에 맞게 변화시켜 생존을 이어가고 있군.
⑤ 다른 존재와의 경쟁에서 이겨내는 강한 생존 본능을 지니고 있군.

12. 다음의 설명을 참고할 때 [A]에 대한 설명으로 가장 적절한 것은?

> 일정한 뜻을 지닌 가장 작은 말의 단위를 '형태소'라고 한다. '사과를 먹는다'는 '사과', '를', '먹-', '-는-', '-다'의 다섯 개의 형태소로 분석된다. 형태소 중에는 '사과'처럼 혼자 쓰일 수 있는 것이 있고 '를', '먹-', '-는-', '-다'처럼 반드시 다른 형태소와 결합하여 쓰이는 것이 있는데, 전자를 '자립 형태소'라고 하고 후자를 '의존 형태소'라고 한다.

> [A] 하늘에 별이 많다.

① '하늘에'는 세 개의 형태소로 구성되었다.
② '별이'는 자립 형태소만으로 구성되었다.
③ '많다'는 자립 형태소와 의존 형태소로 구성되었다.
④ '에'와 '이'는 모두 자립 형태소이다.
⑤ '별이 많다'에는 세 개의 의존 형태소가 있다.

│13~14│ 다음 글을 읽고 물음에 답하시오.

> 우리 몸에는 외부의 환경이나 미생물로부터 스스로를 지키기 위한 자기 방어 시스템이 있는데, 이를 자연치유력이라고 한다. 우리 몸은 이상이 생겼을 때 자기 진단과 자기 수정을 통해 이를 정상적으로 회복하기 위해 노력한다. 인체의 자연치유력 중 하나인 '오토파지'는 세포 안에 쌓인 불필요한 단백질과 망가진 세포 소기관을 분해해 세포의 에너지원으로 사용하는 현상이다.
> 평소에는 우리 몸이 항상성을 유지할 정도로 오토파지가 최소한으로 일어나는데, 인체가 오랫동안 영양소를 섭취하지 못하거나 해로운 균에 감염되는 등 스트레스를 받으면 활성화된다. 예를 들어 밥을 제때에 먹지 않아 영양분이 충분히 공급되지 않으면 우리 몸은 오토파지를 통해 생존에 필요한 아미노산과 에너지를 얻는다. 이외에도 몸속에 침투한 세균이나 바이러스를 오토파지를 통해 제거하기도 한다.
> 그렇다면 오토파지는 어떤 과정을 거쳐 일어날까? 세포 안에 불필요한 단백질과 망가진 세포 소기관이 쌓이면 세포는 세포막을 이루는 구성 성분을 이용해 이를 이중막으로 둘러싸 작은 주머니를 만든다. 이 주머니를 '오토파고솜'이라고 ㉠부른다. 오토파고솜은 세포 안을 둥둥 떠다니다가 리소좀을 만나서 합쳐진다. '리소좀'은 단일막으로 둘러싸인 구형의 구조물로 그 속에 가수분해효소를 가지고 있어 오토파지 현상을 주도하는 역할을 한다. 오토파고솜과 리소좀이 합쳐지면 '오토파고리소좀'이 되는데 리소좀 안에 있는 가수분해효소가 오토파고솜 안에 있던 쓰레기들을 잘게 부수기 시작한다. 분해가 끝나면 막이 터지면서 막 안에 들어 있던 잘린 조각들이 쏟아져 나온다. 그리고 이 조각들은 에너지원으로 쓰이거나 다른 세포 소

기관을 만드는 재료로 재활용된다.
이러한 오토파지가 정상적으로 작동하지 않으면 불필요한 단백질과 망가진 세포 소기관이 세포 안에 쌓이면서 세포 내 항상성이 무너져 노화나 질병을 초래한다. 그래서 과학자들은 여러 가지 실험을 통해 오토파지를 활성화시키는 방법을 연구하거나 오토파지를 이용해 병을 치료하는 방법을 찾고 있다. 자연치유력에는 오토파지 이외에도 '면역력', '아포토시스' 등이 있다. '면역력'은 질병으로부터 우리 몸을 지키는 방어 시스템이다. '아포토시스'는 개체를 보호하기 위해 비정상 세포, 손상된 세포, 노화된 세포가 스스로 사멸하는 과정으로 우리 몸을 건강한 상태로 유지하게 한다. 이러한 현상들을 통해 우리는 우리 몸을 지킬 수 있는 것이다.

13. 윗글의 표제와 부제로 적절한 것은?

① 세포의 재생 능력 – 리소좀의 구조와 기능을 중심으로
② 인체의 자연치유력 – 오토파지의 원리를 중심으로
③ 질병을 예방하는 방법 – 세포의 면역력을 중심으로
④ 노화를 막기 위한 방법 – 아포토시스의 원리를 중심으로
⑤ 우리 몸의 자기 면역 방어 – 오토파지를 활성화시키는 방법을 중심으로

14. 문맥상 의미가 ㉠과 같은 것은?

① 그는 속으로 쾌재를 불렀다.
② 푸른 바다가 우리를 부른다.
③ 그 가게에서는 값을 비싸게 불렀다.
④ 도덕 기준이 없는 혼돈 상태를 아노미라고 부른다.
⑤ 그녀는 학교 앞을 지나가는 친구를 큰 소리로 불렀다.

라틴아메리카의 미술은 모더니즘 미술을 받아들이면서도 독창성을 추구하는 경향이 두드러지는데, 그 대표적인 화가가 콜롬비아의 페르난도 보테로이다. 그의 작품에는 형태의 터질듯한 볼륨감과 몰개성적인 인물, 형식을 벗어난 비례, 대상이 가진 고유의 색 등이 잘 ⓐ구현(具現)되어 있다.

먼저 보테로의 그림에는 다른 작가의 작품과 확연히 ⓑ구별(區別)되는 터질듯한 형태의 볼륨감이 있다. 미술이 주는 감각적인 즐거움과 아름다움을 강조한 그는 그것의 핵심요소로 볼륨감에 ⓒ주목(注目)하였는데, 평면의 캔버스가 가지고 있는 물리적인 한계를 극복하고 대상에 볼륨감을 표현하기 위해 선택한 것이 바로 형태의 팽창이다. 즉 그는 그림에서 소재의 형태를 단순화하고 팽창시킴으로써 볼륨감을 집중적으로 표현할 수 있었다. 이렇게 형태를 왜곡했기 때문에 보테로의 그림에서는 제목, 장식, 옷 등에서만 인물들에 대한 약간의 정보를 알 수 있을 뿐 인물이 지닌 본래의 개성적 특징은 거의 생략되어 파악하기 어렵다. 이는 인물뿐 아니라 작품 속 대상들에게도 유사하게 ⓓ적용(適用)되는데, 이렇게 작품 속 대상의 형태를 단순화하고 팽창시켜 볼륨감에 주목하도록 하여, 감상자는 작품 속 특정 대상에만 시선이 머물지 않고 그림 전체에 구현된 볼륨감을 감상할 수 있게 됨으로써 감각적인 즐거움을 누릴 수 있게 된다.

보테로는 그림을 그릴 때 사물과 인물 간의 비례, 인물과 인물 간의 비례, 배경과 인물 간의 비례 등을 자율적인 방식으로 표현하였다. 예를 들어 아이보다 큰 수박 조각, 남자에 비해 터무니없이 큰 여인, 인물과 비슷한 높이의 숲 등 실제의 세계와는 비례를 달리하여 ⓔ구성(構成)함으로써 현실에서 존재하지는 않지만 그가 구현하고 싶은 세계를 자유롭게 표현하였다. 이러한 비례의 파괴로 인해 느껴지는 부조화에 대해 감상자는 보테로의 회화를 위트로 받아들이기도 한다.

또한 보테로는 대상이 가진 고유의 색을 분명하게 표현하고자 하였다. 그는 그림에 그림자가 표현되면, 그림자의 검은 색으로 인해 대상이 가진 고유의 색이 파괴되거나 모호하게 표현된다고 생각했기 때문에 그림에 그림자를 거의 표현하지 않았다. 그리고 그는 색칠한 면 위에 또 색을 칠함으로써 새롭게 칠한 색과 이전에 칠한 색이 중첩되게 하여 색을 더 견고하고 명확하게 함으로써 대상의 고유한 색을 표현하였다.

이러한 특징을 지닌 보테로의 작품 중에는 거장들의 작품을 차용한 작품이 많다. 보테로가 거장의 작품을 차용한 이유는 그들의 권위나 명성을 끌어내리려 한 것이기보다는 오히려 그들의 작품을 차용함으로써 그들의 작품이 지닌 아름다움을 감상자가 느낄 수 있는 기회를 제공하고, 이와 더불어 자신만의 독창적인 방법으로 재창조한 작품을 통해 거장들의 작품과 자신의 작품이 지닌 차이도 함께 강조하고자 했기 때문이다.

15. 윗글에 대한 설명으로 적절하지 않은 것은?

① 보테로는 인물들이 지닌 본래의 개성적 특징을 거의 생략하여 표현하였다.

② 보테로는 형태의 팽창을 통해 평면에 사물을 표현하는 제약을 극복하려 하였다.

③ 보테로는 감상자로 하여금 그림 전체에 구현된 볼륨감을 감상할 수 있도록 하였다.

④ 보테로는 캔버스의 물리적 특성을 고려하여 작품 속 인물의 상징적 의미를 드러냈다.

⑤ 보테로의 작품에서 느껴지는 부조화는 감상자가 그의 작품을 위트로 받아들이게 하기도 한다.

16. ⓐ~ⓔ의 사전적 의미로 적절하지 않은 것은?

① ⓐ : 어떤 내용이 구체적인 사실로 나타나게 함

② ⓑ : 성질이나 종류에 따라 차이가 남

③ ⓒ : 관심을 가지고 주의 깊게 살핌

④ ⓓ : 알맞게 이용하거나 맞추어 씀

⑤ ⓔ : 있어야 할 것을 빠짐없이 다 갖춤

대부분의 비행체들은 공기보다 무거우며, 공중에 뜬 상태를 유지하기 위해 양력을 필요로 한다. 양력이란 비행기의 날개 같은 얇은 판을 유체 속에서 작용시킬 때, 진행 방향에 대하여 수직·상향으로 작용하는 힘을 말한다. 이러한 양력은 항상 날개에 의해 공급된다. 날짐승과 인간이 만든 비행체들 간의 주된 차이는 날개 작업이 이루어지는데 이용되는 힘의 출처에 있다. 비행기들은 엔진의 힘에 의해 공기 속을 지나며 전진하는 고정된 날개를 지니고 있다. 이와는 달리 날짐승들은 근육의 힘에 의해 공기 속을 지나는, 움직이는 날개를 지니고 있다. 그런데, 글라이더 같은 일부 비행체나 고정된 날개로 활상 비행을 하는 일부 조류들은 이동하는 공기 흐름을 힘의 출처로 이용한다. 비행기 날개의 작동 방식에 대해 우리가 알고 있는 지식은 다니엘 베르누이가 연구하여 얻은 것이다. 베르누이는 유체의 속도가 증가할 때 압력이 감소한다는 사실을 알아냈다. 크리스마스 트리에 다는 장식볼 두 개를 이용하여 이를 쉽게 확인해 볼 수 있다. 두 개의 장식볼을 1센티미터 정도 떨어뜨려 놓았을 때, 공기가 이 사이로 불어오면 장식볼은 가까워져서 서로 맞닿을 것이다. 이는 장식볼의 곡선을 그리는 표면 위로 흐르는 공기의 속도가 올라가서 압력이 줄어들기 때문으로, 장식볼들 주변의 나머지 공기는 보통 압력에 있기 때문에 장식볼들은 서로 붙으려고 하는 것이다. 프로펠러 날개는 베르누이의 원리를 활용하여 윗면은 볼록하게 만들고 아랫면은 편평하거나 오목하게 만들어진다. 프로펠러 날개가 공기 속에서 움직일 때, 두 표면 위를 흐르는 공기 속도의 차이는 윗면 쪽의 압력을 감소시키고 아랫면 쪽의 압력을 증가시킨다. 그 결과 프로펠러 날개에는 상승 추진력 혹은 양력이 생기고, 비행체는 공중에 뜰 수 있게 되는 것이다. 프로펠러 날개의 움직임 방향에 직각으로 작용하는 양력은 움직임의 방향과 반대로 작용하는 항력을 항상 수반하며, 항력은 양력과 직각을 이룬다. 두 힘의 결합을 총반동력이라고 하며, 이것은 압력중심이라고 부르는 지점을 통해 작용된다. 프로펠러 날개의 두께와 표면적을 증가시킬수록 양력이 증가된다. 또한 날개의 받음각을 경사지게 하면 각이 커질수록 양력이 증가된다. 그런데, 양력이 증가되면 항력도 증가되고, 따라서 공기 속에서 프로펠러 날개를 미는 데 더 많은 에너지가 필요하게 된다. 현대의 여객기들은 이륙과 착륙 전에 날개의 두께와 표면적이 증가되도록 하는 다양한 고양력 장치들을 지니고 있다. 받음각이 커지면 양력은 증가하지만 곧 최곳값에 도달하게 되고 그 뒤에는 급속히 떨어진다. 이를 실속되었다고 한다. 실속은 프로펠러 날개 표면에서 공기 흐름이 분리되면서 일어난다. 실속은 프로펠러 날개의 뒷전에서 시작되어 앞으로 이동해 나가고, 양력은 감소하게 된다. 대부분의 양력은 실속점에서 상실되며, 양력이 항공기의 중량을 더 이상 감당할 수 없을 정도로 작아지면 고도를 상실한다.

17. 위 글의 제목으로 가장 적절한 것은?

① 날개의 작동 방식
② 비행의 기본 원리
③ 항공기의 발달 과정
④ 양력의 증가량 측정
⑤ 항공기와 날짐승의 공통점

18. 위 글의 내용과 일치하지 않는 것은?

① 받음각이 최곳값이 되면 속도가 증가한다.
② 유체의 속도가 증가하면 압력이 감소한다.
③ 비행체가 공중에 뜨기 위해서 양력이 필요하다.
④ 프로펠러는 베르누이의 원리를 활용하여 만든 것이다.
⑤ 총반동력은 압력중심이라고 부르는 지점을 통해 작용한다.

방언의 분화는 크게 두 가지 원인에 의해 발생하는 것으로 알려져 있다. 그 하나는 지역이 다름으로써 방언이 발생하는 경우이며, 다른 하나는 사회적인 요인들, 가령 사회 계층, 성별, 세대 등의 차이에 의해 방언이 발생하는 경우이다. 지역이 다름으로 인해 형성된 방언을 지역 방언이라 한다. 두 지역 사이에 큰 산맥이나 강, 또는 큰 숲이나 늪 등의 지리적인 장애가 있을 때 지역 방언이 발생하며, 이러한 뚜렷한 장애물이 없더라도 거리가 멀리 떨어져 있으면 그 양쪽 지역 주민들 사이의 왕래가 어려워지고 따라서 두 지역의 언어는 점차 다른 모습으로 발전해 가리라는 것은 쉽게 짐작되는 일이다. 행정 구역이 다르다든가 시장권이나, 학군 등이 다르다는 것도, 서로 소원하게 함으로써 방언의 분화를 일으키는 요인이 된다. 어떠한 조건에 의해서든 이처럼 지리적인 거리로 인하여 서로 분화를 일으킨 방언 각각을 지역 방언이라 한다. 우리나라에서 흔히 '제주도 방언, 경상도 방언, 전라도 방언' 등으로 도명을 붙여 부르는 방언들이 이 지역 방언의 전형적인 예이지만 '중부 방언, 영동 방언, 흑산도 방언, 강릉 방언'과 같은 이름의 방언도 역시 훌륭한 지역 방언의 예들이다. 전통적으로 방언이라 하면 이 지역 방언을 일컬을 만큼 지역 방언은 방언 중 대표적인 존재라 할 만하다. 방언은 지역이 달라짐에 따라서만 형성되는 것이 아니다. 동일한 지역 안에서도 몇 개의 방언이 있을 수 있는 것이다. 한 지역의 언어가 다시 분화를 일으키는 것은 대개 사회 계층의 다름, 세대·연령의 차이, 또는 성별의 차이 등의 사회적 요인에 기인한다. 이처럼 지리적인 거리에 의해서가 아니라 사회적인 요인에 의하여 형성되는 방언을 사회 방언이라 한다. 사회 방언은 때로 계급 방언이라고 부르는 수도 있는데 이는 사회 방언이 여러 가지 사회적 요인에 의하여 형성되지만 그 중에서도 사회 계층이 가장 중요한 요인임이 일반적인 데서 연유한다. 사회 방언은 지역 방언과 함께 2대 방언의 하나를 이룬다. 그러나 사회 방언은 지역 방언만큼 일찍부터 방언 학자의 주목을 받지 못하였다. 어느 사회에나 사회 방언이 없지는 않았으나 일반적으로 사회 방언 간의 차이는 지역 방언들 사이의 그것만큼 그렇게 뚜렷하지 않기 때문이었다. 가령 20대와 60대 사이에는 분명히 방언차 — 사회 방언으로서의 차이 — 가 있지만 그 차이가 전라도 방언과 경상도 방언 사이의 그것만큼 현저하지는 않은 것이 일반적이며, 남자와 여자 사이의 방언차 역시 마찬가지다. 사회 계층 간의 방언차는 사회에 따라서는 상당히 현격한 차이를 보여 일찍부터 논의의 대상이 되어 오기는 하였다. 인도에서의 카스트에 의해 분화된 방언, 미국에서의 흑인 영어의 특이성, 우리나라 일부 지역에서 발견되는 양반 계층과 일반 계층 사이의 방언차 등이 그 대표적인 예들이다. 이러한 사회 계층 간의 방언 분화는 최근 사회 언어학의 대두에 따라 점차 큰 관심의 대상이 되어 가고 있다.

19. 위 글을 통해 알 수 없는 것은?

① 방언의 분화 원인은 무엇인가?
② 사회 방언에 대한 관심은 어떠한가?
③ 방언의 언어학적인 가치는 무엇인가?
④ 우리나라의 지역 방언에는 어떤 것이 있는가?
⑤ 지역 방언을 발생시키는 요인에는 무엇이 있는가?

20. 위 글로 보아 다음의 '비판' 내용으로 가장 적절한 것은?

전통적인 방언학은 역사 문법의 한 분야로, 분화된 언어의 옛 형태가 잘 보존되어 있으리라 생각되는 시골을 주된 연구의 대상으로 삼았다. 이런 연구 방법은 '비판'의 대상이 되었는데 이러한 비판을 바탕으로 사회 언어학이 대두되었다.

① 방언 분화의 다양한 요인을 폭넓게 고찰하지 못했다.
② 현지에서 모은 언어 자료를 분석하는 기술이 미흡했다.
③ 방언의 분화 과정을 밝히는 것은 근본적으로 불가능하다.
④ 방언 연구를 독자적인 학문의 영역으로 인정하지 않았다.
⑤ 우리말을 아름답게 가꾸고 순화하려는 노력을 게을리 했다.

21. 다음 대화를 바탕으로 ㉠~㉤에 대해 설명한 것으로 옳지 않은 것은?

현진 : 너 ㉠그 책 읽어 봤어?
진수 : 그 책은 아직 못 읽어 봤어.
현진 : 그 책은 굉장히 재미있어. 특히 사건을 풀어 가는 작가의 이야기 솜씨가 일품이야. 난 그 작가가 정말 좋아. 내게 그 책이 있으니 빌려 줄게.
진수 : 고마워.
현진 : 그리고 혹시 이 책은 어때? 읽어 봤어?
진수 : 그 책도 못 읽어 봤어.
현진 : 그럼 내가 ㉡이 책하고 이 책 두 권 다 빌려 줄게.
진수 : 고마워. 어, 그런데 ㉢저건 내가 읽고 싶었던 책이네. ㉣혹시 빌려 줄 수 있어?
현진 : ㉤오늘 내가 책 많이 빌려 주었지? 그 책은 나도 곁에 두고 반복해서 읽는 책이라서 빌려주기 어려운데……

① ㉠ : 담화 맥락을 알아야 '그 책'이 가리키는 대상을 분명히 알 수 있다.
② ㉡ : 형태상으로 동일한 지시어가 사용되었지만, 앞의 '이 책'과 뒤의 '이 책'이 실제로 가리키는 대상은 다르다.
③ ㉢ : ㉠이 지시하는 대상과 동일하지 않다.
④ ㉣ : 주성분인 목적어를 생략하여 전체 담화의 응집성이 약화되었다.
⑤ ㉤ : 담화의 맥락을 고려하면 완곡한 거절의 의사가 담겨 있다고 볼 수 있다.

22. 〈보기1〉의 설명을 참고할 때, 〈보기2〉의 ㉠~㉣ 중 합성어에 해당하는 말을 바르게 고른 것은?

〈보기1〉
하나의 형태소로 이루어진 단어를 단일어라고 하고, 둘 이상의 형태소로 이루어진 단어를 복합어라고 한다. 복합어에는 두 종류가 있다. '손(어근) + 수레(어근)'와 같이 둘 이상의 어근으로 이루어진 단어는 합성어이고, '사냥(어근) + 꾼(접사)'과 같이 어근에 접사가 결합되어 만들어진 단어는 파생어이다.

〈보기2〉
㉠물고기가 그려진 ㉡지우개가 어디로 갔을까? ㉢심술쟁이 동생이 또 ㉣책가방에 숨겼을 거야. 그래 보았자 이 누나는 금방 찾는데.

① ㉠㉡   ② ㉠㉣
③ ㉡㉢   ④ ㉡㉣
⑤ ㉢㉣

23.

> 미생물학적으로 세균은 그 특성에 따라 여러 가지 종류로 나눌 수 있다. 이들 중 인간과 가장 밀접한 관계를 가지고 있는 것은 역시 장내 세균일 것이다. 이들을 흔히 ⑦대장균이라고 부르는데 정온 동물의 장내에 1cc당 약 100억 마리가 존재한다. 이들이 우리의 장내에서 일정 숫자를 유지함으로써 ⓒ질병을 일으킬 수 있는 나쁜 세균의 침입을 막아 주는 것이다. 어떤 이유에서인지 이들의 숫자가 감소하면 질병 현상이 생기게 된다. 그러므로 그 악명 높은 대장균이 우리에게는 질병을 막아주는 성벽과 같은 역할을 하고 있다. 이외에도 대장균은 최근 유행하는 유전 공학의 기본 도구로 사용되고 있다. 한마디로 대장균이 없는 미생물학은 생각할 수 없을 정도로 중요한 것이다.

① 댐 : 홍수　　　　　② 풀 : 나무
③ 문학 : 예술　　　　④ 시간 : 시계
⑤ 의사 : 환자

24.

> 요즈음 점술가들의 사업이 크게 번창하고 있다는 말이 들린다. 이름난 점술가를 한 번 만나 보기 위해 몇 달 전, 심지어는 일 년 전에 예약을 해야 한다니 놀라운 일이다. 더욱 흥미로운 것은 이들 '사업'에 과학 문명의 첨단 장비까지 한몫을 한다는 점이다. 이들은 전화로 예약을 받고 컴퓨터로 장부 정리를 하며 그랜저를 몰고 온 손님을 맞이하는 것이다. ⑦과학과 ⓒ점술의 기묘한 공존 방식이다.

① 차다 : 뜨겁다　　　② 유죄 : 무죄
③ 인간 : 학생　　　　④ 꽃 : 나비
⑤ 자유 : 평등

25.

> 우리나라의 노비 제도는 그 제도적 귀속성이나 인구 비율이 중국보다 강하면서도 노비의 지위는 중국보다 상대적으로 높았다. 그것은 극히 제한된 것이긴 하지만 유외잡직(流外雜職)의 벼슬에 나갈 수 있는 통로가 있고, 독자적인 생활 경리를 가질 수도 있어서 단순한 물건(재산)이나 짐승처럼 취급되지는 않았다. 따라서 ⑦노비의 일부는 노예적 처지에 있는 경우가 있더라도, 대부분의 노비는 반자유민인 ⓒ농노(農奴)의 성격이 강하였다.

① 속옷 : 내의　　　　② 잡지 : 신문
③ 배우 : 가수　　　　④ 책 : 도서
⑤ 남자 : 총각

1. 다음과 같은 규칙으로 자연수를 차례로 나열할 때, 16이 몇 번째에 처음 나오는가?

> 2, 2, 4, 4, 4, 4, 6, 6, 6, 6, 6, 6, · · ·

① 55　　　　　　　　② 56
③ 57　　　　　　　　④ 58

2. 다음과 같은 규칙으로 자연수를 차례로 나열할 때, 39는 몇 번째에 처음 나오는가?

> 7, 7, 7, 7, 7, 7, 7, 11, 15, 15, 15, 15, 15, · · ·

① 39　　　　　　　　② 41
③ 43　　　　　　　　④ 45

3. 다음 주어진 수를 통해 규칙을 찾아내어 빈칸에 들어갈 알맞은 숫자를 고르시오.

> 10　2　12　4　14　8　16　16　( )

① 18　　　　　　　　② 24
③ 28　　　　　　　　④ 32

4. 재현이가 농도가 20%인 소금물에서 물 60g을 증발시켜 농도가 25%인 소금물을 만든 후, 여기에 소금을 더 넣어 40%의 소금물을 만든다면 몇 g의 소금을 넣어야 하겠는가?

① 45g　　　　　　　② 50g
③ 55g　　　　　　　④ 60g

5. 철수가 받은 문자의 10%는 '레저'라는 단어를 포함한다. '레저'를 포함한 문자의 50%가 광고이고, '레저'를 포함하지 않은 문자의 20%가 광고이다. 철수가 받은 한 문자가 광고일 때, 이 문자가 '레저'를 포함할 확률은?

① $\dfrac{5}{23}$ 　　② $\dfrac{6}{23}$

③ $\dfrac{7}{23}$ 　　④ $\dfrac{8}{23}$

6. 다음은 어느 통계사항을 나타낸 표이다. ㈎에 들어갈 수로 알맞은 것은?(단, 모든 계산은 소수점 이하 절삭하여 정수로 표시함)

구분	접수인원	응시인원	합격자수	합격률
1회	1,808	1,404	㈎	43.1
2회	2,013	1,422	483	34.0
3회	1,148	852	540	63.4

① 601 　　② 605

③ 613 　　④ 617

7. 다음은 남한과 북한의 주요 곡물 생산량에 대한 자료이다. 이에 대한 설명으로 옳은 것은?

(단위 : 천t, %)

구분 / 연도	남한				북한			
	쌀	구성비	옥수수	구성비	쌀	구성비	옥수수	구성비
2015	4,327	89.3	78	1.6	2,016	44.7	1,645	36.5
2016	4,197	89.2	74	1.6	2,224	46.1	1,702	35.3
2017	3,972	88.9	73	1.6	2,192	46.6	1,667	35.5
2018	3,868	95.1	78	1.9	2,205	48.4	1,498	32.9

① 2017년 전년대비 쌀 생산량의 감소율은 남한이 북한보다 크다.

② 주어진 자료에서 매년 남한의 쌀 생산량은 북한의 쌀 생산량의 2배를 넘지 않는다.

③ 2018년 남한의 옥수수 생산량은 동년 북한의 옥수수 생산량의 0.05배를 넘지 않는다.

④ 북한의 쌀 생산량은 매년 증가했고 남한은 이와는 반대로 매년 쌀 생산량이 감소했다.

8. 다음은 1,000명을 대상으로 실시한 미래의 에너지원(원자력, 석탄, 석유) 각각의 수요 예측에 대한 여론조사를 실시한 자료이다. 이 자료를 통해 볼 때, 미래의 에너지 수요에 대한 이론을 옳게 설명한 것은?

수요 예상 정도	미래의 에너지원(단위 : %)		
	원자력	석탄	석유
많이	50	43	27
적게	42	49	68
잘 모름	8	8	5

① 앞으로 석유를 많이 사용해야 한다.

② 앞으로 석탄을 많이 사용해야 한다.

③ 앞으로 원자력을 많이 사용해야 한다.

④ 앞으로 원자력, 석유, 석탄을 모두 많이 사용해야 한다.

9. 다음 연도별 인구 분포 비율표에 대한 설명으로 옳지 않은 것은?

구분 \ 연도	2017	2018	2019
평균 가구원 수	5.0명	3.5명	2.4명
광공업종사자 비율	56%	37%	21%
생산가능 인구비율	48%	55%	67%
노령 인구비율	5%	9%	12%

① 광공업종사자 비율을 보면 광공업의 경제적 비중이 감소하고 있음을 알 수 있다.

② 평균 가구원 수는 점차적으로 증가하고 있다.

③ 생산가능 인구비율의 증가는 경제발전과 관계가 있다.

④ 노령 인구의 증가는 노령화사회로 다가가고 있음을 시사한다.

|10~11| 다음은 각 통신사별 휴대전화의 월 기본료 및 통화료에 대한 자료이다. 물음에 답하시오.

구분	월 기본료	통화료	
		주간	야간
S사	12,000원	60원/분	25원/분
K사	11,000원	40원/분	25원/분
L사	10,000원	50원/분	25원/분

10. 다음 중 야간만 사용할 경우 연간 사용료가 가장 저렴한 통신사는?

① S사 　　　　　② K사

③ L사 　　　　　④ 모두 같다.

11. 다음 중 주간만 사용할 경우 한 달에 20,000원을 사용료로 낼 때 가장 통화시간이 긴 통신사는?

① S사 　　　　　② K사

③ L사 　　　　　④ 모두 같다.

12. 다음은 한국과 3개국의 교역량을 나타낸 표이다. 내용을 잘못 해석한 것은?

(단위 : 백 만 달러)

국가별	항목	1999	2009	2019
칠레	수출액	153	567	3,032
	수입액	208	706	4,127
이라크	수출액	42	2	368
	수입액	146	66	4,227
이란	수출액	131	767	4,342
	수입액	518	994	9,223

① 칠레와의 교역은 무역적자에서 흑자로 바뀐 적이 있다.

② 최근 10년간 이라크에 대한 수출액 증가율이 가장 높다.

③ 이라크와의 교역액은 크게 감소한 적이 있다.

④ 세 국가 중 이란과의 무역 적자가 가장 심각하다

13. 태준이와 믿음이는 가위 바위 보를 하여 이긴 사람은 3칸씩 계단을 올라가고 진 사람은 2칸씩 계단을 내려가기로 했다. 게임을 시작한 후 태준이는 처음 위치보다 21칸을, 믿음이는 처음 위치보다 9칸을 올라가 있었다. 이때, 태준이가 이긴 횟수는? (단, 비기는 경우는 없는 것으로 한다)

① 6회 　　　　　② 7회

③ 8회 　　　　　④ 9회

14. 다음은 영·유아 수별 1인당 양육비 현황에 대한 표이다. 이를 보고 바르게 해석하지 못한 것은?

구분	영·유아 1인 가구	영·유아 2인 가구	영·유아 3인 가구
소비 지출액	2,141,000원	2,268,000원	2,360,000원
1인당 양육비	852,000원	662,000원	529,000원
총양육비	852,000원	1,324,000원	1,587,000원
소비 지출액 대비 총양육비 비율	39.8%	55.5%	69.0%

① 영·유아 수가 많은 가구일수록 1인당 양육비가 감소한다.

② 1인당 양육비는 영·유아가 3인 가구인 경우에 가장 많다.

③ 소비 지출액 대비 총양육비 비율은 영·유아 1인 가구인 경우에 가장 낮다.

④ 영·유아 1인 가구의 총 양육비는 영·유아 3인 가구의 총양육비의 절반을 넘는다.

15. 다음은 국가별 자국 영화 점유율에 대한 도표이다. 이에 대한 설명으로 적절하지 않은 것은?

연도 국가	2016	2017	2018	2019
한국	50.8%	42.1%	48.8%	46.5%
일본	47.7%	51.9%	58.8%	53.6%
영국	28.0%	31.1%	16.5%	24.0%
독일	18.9%	21.0%	27.4%	16.8%
프랑스	36.5%	45.3%	36.8%	35.7%
스페인	13.5%	13.3%	16.0%	12.7%
호주	4.0%	3.8%	5.0%	4.5%
미국	90.1%	91.7%	92.1%	92.0%

① 자국 영화 점유율에서, 유럽 국가가 한국을 앞지른 해는 한 번도 없다.

② 지난 4년간 자국 영화 점유율이 매년 꾸준히 상승한 국가는 하나도 없다.

③ 2016년 대비 2019년 자국 영화 점유율이 가장 많이 하락한 국가는 한국이다.

④ 2018년의 자국 영화 점유율이 해당 국가의 4년간 통계에서 가장 높은 경우가 절반이 넘는다.

16. 다음 표는 소득 수준별 노인의 만성 질병수를 나타낸 것이다. 이에 대한 설명으로 올바르지 못한 것은?

질병 수 소득	없다	1개	2개	3개 이상
50만 원 미만	3.7%	19.9%	27.3%	33.0%
50~99만 원	7.5%	25.7%	28.3%	26.0%
100~149만 원	8.3%	29.3%	28.3%	25.3%
150~199만 원	10.6%	30.2%	29.8%	20.4%
200~299만 원	12.6%	29.9%	29.0%	19.5%
300만 원 이상	15.7%	25.9%	25.4%	25.9%

① 소득이 가장 낮은 수준의 노인이 3개 이상의 만성 질병을 앓고 있는 비율이 가장 높다.

② 모든 소득 수준에서 만성 질병의 수가 3개 이상인 경우가 4분의 1을 넘는다.

③ 소득 수준이 높을수록 노인들이 만성 질병을 전혀 앓지 않을 확률은 높아진다.

④ 월 소득이 50만 원 미만인 노인이 만성 질병이 없을 확률은 5%에도 미치지 못한다.

17. 다음은 5개 국가의 자동차 생산량에 관한 자료이다. 이에 대한 설명으로 옳지 않은 것은?

(단위 : 천 대)

연도 국가	2013	2014	2015	2016	2017
한국	4,521	4,525	4,556	4,229	4,115
일본	9,630	9,775	9,278	9,205	9,690
캐나다	2,380	2,394	2,283	2,371	2,194
멕시코	3,055	3,368	3,565	3,600	4,069
미국	11,066	11,661	12,105	12,178	11,190

① 2013 ~ 2017년 5개 국가의 자동차 생산량의 증감 추이는 국가별로 모두 다르다.

② 2015년 5개 국가의 자동차 생산량에서 미국의 자동차 생산량이 차지하는 비중은 35%가 안 된다.

③ 2013년부터 2017년까지 한국은 연평균 430만 대 이상의 자동차를 생산하였다.

④ 일본의 자동차 생산량은 매년 한국의 자동차 생산량의 2배를 넘는다.

18. 남녀 200명의 커피 선호 여부를 조사하였더니 다음과 같았다. 전체 조사 대상자 중 남자의 비율이 70%이고, 커피 선호자의 비율이 60%일 때 다음 설명 중 옳은 것은?

선호 성별	선호자 수	비선호자 수	전체
남자	A	B	C
여자	D	20명	E
전체	F	G	200명

① $\frac{A}{B} = 2$이다.

② 남자 커피 선호자는 여자 커피 선호자보다 3배 많다.

③ 남자가 여자보다 80명이 더 많다.

④ 남자의 커피 선호율이 여자의 커피 선호율보다 높다.

19. 80톤의 물이 들어 있는 수영장에서 물을 양수기로 퍼내고 있다. 30톤을 퍼낸 후, 양수기에 이상이 생겨 1시간당 퍼내는 물의 양이 20톤이 줄었다. 수영장의 물을 모두 퍼내는 데 걸린 시간이 양수기에 이상이 생기지 않았을 경우의 예상시간보다 25분이 더 걸렸다면, 이상이 생기기 전 이 양수기의 시간당 퍼내는 물의 양이 몇 톤인가?

① 10   ② 20

③ 40   ④ 60

20. 다음은 민수가 운영하는 맞춤 양복점에서 발생한 매출액과 비용을 정리한 표이다. 이에 대한 설명으로 옳은 것은?

(단위 : 만 원)

매출액		비용	
양복 판매	600	재료 구입	200
		직원 월급	160
양복 수선	100	대출 이자	40
합계	700	합계	400

※ 민수는 직접 양복을 제작하고 수선하며, 판매를 전담하는 직원을 한 명 고용하고 있음

> ㉠ 생산 활동으로 창출된 가치는 300만 원이다.
> ㉡ 생산재 구입으로 지출한 비용은 총 200만 원이다.
> ㉢ 서비스 제공으로 발생한 매출액은 700만 원이다.
> ㉣ 비용 400만 원에는 노동에 대한 대가도 포함되어 있다.

① ㉠㉡   ② ㉠㉢

③ ㉡㉢   ④ ㉡㉣

육군부사관

지적능력평가 모의고사

제 2 회	영 역	공간능력, 지각속도, 언어논리, 자료해석
	문항수	93문항
	시 간	80분

SEOWONGAK
(주)서원각

제 2 회 지적능력평가

📝 문항수 : 93문항
⏰ 시 간 : 80분

〉〉 공간능력

18문항/10분

▌1~4▌ 다음 입체도형의 전개도로 알맞은 것을 고르시오.

- 입체도형을 전개하여 전개도를 만들 때, 전개도에 표시된 그림(예: ▐▌, ◢, ▬ 등)은 회전의 효과를 반영함. 즉, 본 문제의 풀이과정에서 보기의 전개도 상에 표시된 ▐▌과 ▬는 서로 다른 것으로 취급함.

- 단, 기호 및 문자(예: ☆, ☎, ♨, K, H)의 회전에 의한 효과는 본 문제의 풀이과정에 반영하지 않음. 즉, 입체도형을 펼쳐 전개도를 만들었을 때 ᗡ의 방향으로 나타나는 기호 및 문자도 보기에서는 ☎방향으로 표시하며 동일한 것으로 취급함.

1.

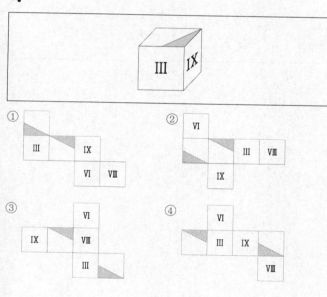

2.

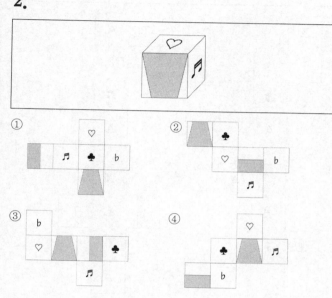

3.

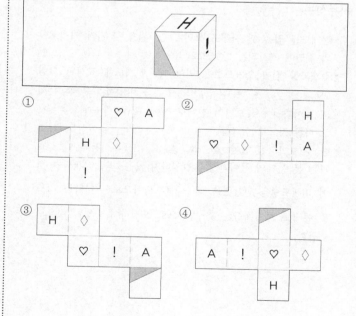

4.

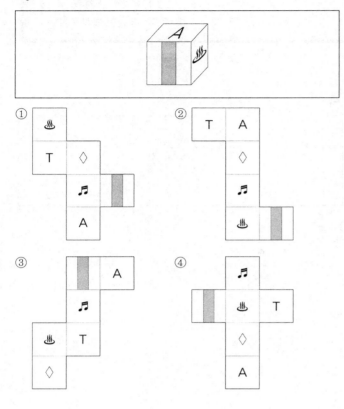

5.

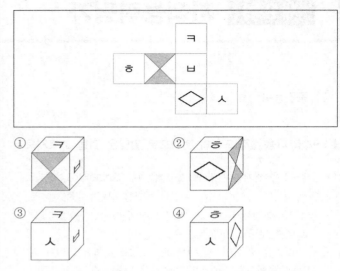

┃5~9┃ 다음 전개도로 만든 입체도형에 해당하는 것을 고르시오.

- 전개도를 접을 때 전개도 상의 그림, 기호, 문자가 입체도형의 겉면에 표시되는 방향으로 접음.
- 전개도를 접어 입체도형을 만들 때, 전개도에 표시된 그림(예 : ▋, ◢, ▐ 등)은 회전의 효과를 반영함. 즉, 본 문제의 풀이과정에서 보기의 전개도 상에 표시된 ▋과 ▆는 서로 다른 것으로 취급함.
- 단, 기호 및 문자(예 : ☖, ☎, ♨, K, H)의 회전에 의한 효과는 본 문제의 풀이과정에 반영하지 않음. 즉, 전개도를 접어 입체도형을 만들었을 때 ⌂의 방향으로 나타나는 기호 및 문자도 보기에서는 ☎방향으로 표시하며 동일한 것으로 취급함.

6.

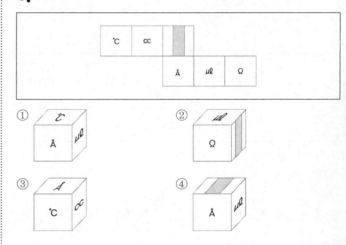

7.

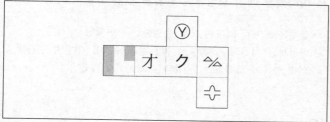

①
②

③
④

8.

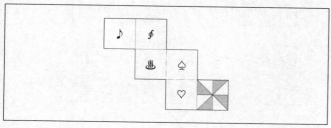

①
②

③
④

9.

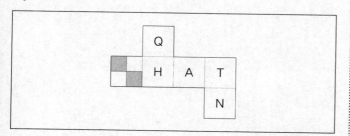

①
②
③
④

▌10~14▐ 다음 아래에 제시된 그림과 같이 쌓기 위해 필요한 블록의 수를 고르시오. (단, 블록은 모양과 크기는 모두 동일한 정육면체이다)

10.

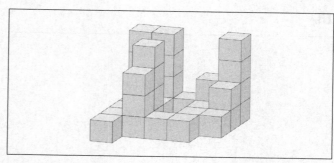

① 32
② 34
③ 36
④ 38

11.

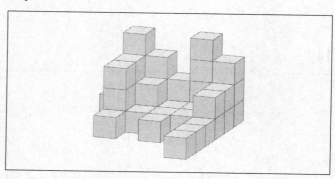

① 42
② 39
③ 37
④ 32

12.

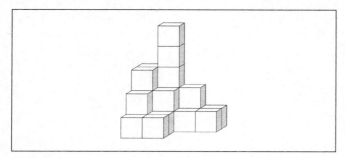

① 22　　　　　　② 23

③ 24　　　　　　④ 25

13.

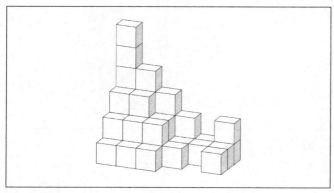

① 25　　　　　　② 30

③ 35　　　　　　④ 40

14.

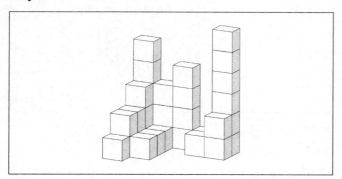

① 29　　　　　　② 30

③ 32　　　　　　④ 33

┃15~18┃ 아래에 제시된 블록들을 화살표 표시한 방향에서 바라봤을 때의 모양으로 알맞은 것을 고르시오.

• 블록은 모양과 크기는 모두 동일한 정육면체임
• 바라보는 시선의 방향은 블록의 면과 수직을 이루며 원근에 의해 블록이 작게 보이는 효과는 고려하지 않음

15.

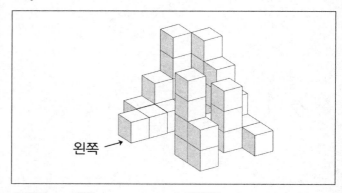

왼쪽

① 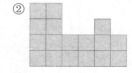　　　②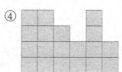

③ 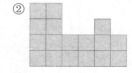　　　④

16.

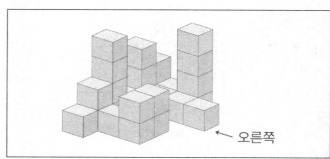

오른쪽

① 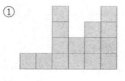　　　②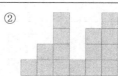

③ 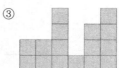　　　④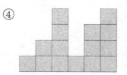

17.

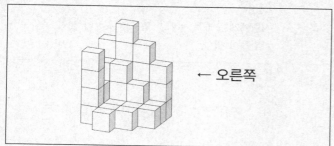

← 오른쪽

① 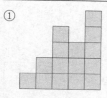 ②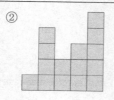

③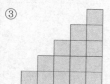

18.

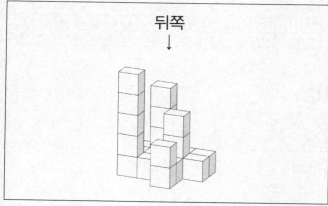

뒤쪽
↓

①   ②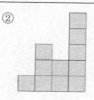

③   ④

▌1~5▌ 아래 〈보기〉의 왼쪽과 오른쪽 기호의 대응을 참고하여 각 문제의 대응이 같으면 답안지에 '① 맞음'을, 틀리면 '② 틀림'을 선택하시오.

〈보기〉

E=ㅣ	D=ㅑ	V=ㅛ	G=ㅓ	S=ㅜ
X=ㅡ	M=ㅗ	K=ㅒ	J=ㅢ	H=ㅏ

1.

E K S V − ㅣ ㅒ ㅗ ㅛ

① 맞음　　　　　② 틀림

2.

X G D M − ㅡ ㅓ ㅑ ㅗ

① 맞음　　　　　② 틀림

3.

H G X E S − ㅏ ㅓ ㅡ ㅛ ㅜ

① 맞음　　　　　② 틀림

4.

M J E D V − ㅗ ㅢ ㅓ ㅑ ㅛ

① 맞음　　　　　② 틀림

5.

GXKDE−ㅓ−ㅐㅑㅣ

① 맞음　　　　　　② 틀림

❚6~10❚ 각 문제의 왼쪽에 표시된 굵은 글씨체의 기호, 문자, 숫자의 개수를 모두 세어 오른쪽 개수에서 찾으시오.

6.

| ㅅ | 내 차례에 못 올 사랑인 줄 알면서도 나 혼자는 꾸준히 생각하리라 |

① 1개　　　　　　② 2개
③ 3개　　　　　　④ 4개

7.

| 9 | 435413654183989654549764 12 |

① 3개　　　　　　② 2개
③ 1개　　　　　　④ 0개

8.

| h | The tendency for the market to reward caring for others may just be an incentive to act. |

① 1개　　　　　　② 2개
③ 3개　　　　　　④ 4개

9.

| ㄷ | 사람에게는 때로 어떠한 말로도 위안이 되지 못하는 시간들이 있다. |

① 1개　　　　　　② 2개
③ 3개　　　　　　④ 4개

10.

| ☰ | ☰☰☰☰☰☰☰☰☰☰☰☰☰☰☰ |

① 1개　　　　　　② 2개
③ 3개　　　　　　④ 4개

❚11~15❚ 다음 〈보기〉에 주어진 문자와 숫자의 대응을 참고하여 각 문제의 대응이 같으면 답안지에 '① 맞음'을, 틀리면 '② 틀림'을 선택하시오.

〈보기〉

日	目	自	百	月	火	口	母	子	水	犬	父	大	木	太	夫	全	金	玉	土
⑴	⑵	⑶	⑷	⑸	⑹	⑺	⑻	⑼	⑽	⑾	⑿	⒀	⒁	⒂	⒃	⒄	⒅	⒆	⒇

11.

火 子 犬 木 全 − ⑹ ⑼ ⑾ ⒁ ⒄

① 맞음　　　　　　② 틀림

12.

大 土 口 夫 目 − ⒀ ⒇ ⑺ ⒃ ⑵

① 맞음　　　　　　② 틀림

13.

太 金 百 月 犬 母 - ⑾ ⒅ ⑷ ⑸ ⑾ ⑼

① 맞음   ② 틀림

14.

木 水 日 夫 自 玉 - ⒁ ⒇ ⑴ ⒃ ⑵ ⒆

① 맞음   ② 틀림

15.

父 母 子 金 百 土 口 - ⑿ ⑻ ⑼ ⒅ ⑷ ⒇ ⑺

① 맞음   ② 틀림

┃16~20┃ 다음 〈보기〉에 주어진 문자와 숫자의 대응을
참고하여 각 문제의 대응이 같으면 답안지에 '① 맞음'을,
틀리면 '② 틀림'을 선택하시오.

〈보기〉																			
ㅏ	ㅑ	ㅓ	ㅕ	ㅗ	ㅛ	ㅜ	ㅠ	ㅡ	ㅣ	ㅐ	ㅒ	ㅔ	ㅖ	ㅚ	ㅙ	ㅘ	ㅟ	ㅝ	ㅢ
1	20	16	14	3	13	2	10	19	15	4	9	5	17	6	11	18	12	7	8

16.

ㅗ ㅐ ㅠ ㅓ ㅢ - 3 4 10 14 8

① 맞음   ② 틀림

17.

ㅑ ㅘ ㅣ ㅖ ㅝ - 20 18 15 5 7

① 맞음   ② 틀림

18.

ㅓ ㅡ ㅒ ㅟ ㅜ - 16 19 9 12 14 2

① 맞음   ② 틀림

19.

ㅘ ㅕ ㅙ ㅟ ㅛ ㅏ - 18 14 11 7 13 1

① 맞음   ② 틀림

20.

ㅠ ㅡ ㅗ ㅑ ㅟ ㅢ ㅓ ㅖ - 10 19 3 20 12 8 16 17

① 맞음   ② 틀림

┃21~25┃ 아래 〈보기〉의 왼쪽과 오른쪽 기호의 대응을
참고하여 각 문제의 대응이 같으면 답안지에 '① 맞음'을,
틀리면 '② 틀림'을 선택하시오.

〈보기〉				
∴ = a	∵ = b	∶ = c	∷ = d	∹ = e
≒ = j	÷ = i	≑ = h	≓ = g	≎ = f

21.

∴ ∹ ∷ ÷ ≒ - a e d i f

① 맞음   ② 틀림

22.

∶ ∴ ≒ ≑ ≒ - c a g h i

① 맞음   ② 틀림

23.

÷ ∷ ∹ ⇌ ∵ – h d c f b

① 맞음　　　　　　② 틀림

24.

÷ ⇌ ⊨ ≒ ∴ ∶ – i f j g b c

① 맞음　　　　　　② 틀림

25.

∵ ∷ ⊨ ∹ ÷ ∶ ⇌ – b d j e h c f

① 맞음　　　　　　② 틀림

┃26~30┃ 다음에서 각 문제의 왼쪽에 표시된 굵은 글씨체의 기호, 문자, 숫자의 갯수를 모두 세어 오른쪽 개수에서 찾으시오.

26.

0	54975104540840489751064 0548106

① 1개　　　　　　② 2개
③ 4개　　　　　　④ 6개

27.

ㅁ	최선을 다하려는 사람이라면 좋겠어

① 2개　　　　　　② 4개
③ 6개　　　　　　④ 8개

28.

m	Dinosaurs became extinct a long time ago

① 2개　　　　　　② 4개
③ 6개　　　　　　④ 8개

29.

丑	子-丑寅卯酉子-丑酉辰蛇午子未丑申酉戊丑亥子

① 1개　　　　　　② 2개
③ 3개　　　　　　④ 4개

30.

↰	↱↵→↖↶↷↘↰↗↘↲↳↱↙/→↔↰

① 1개　　　　　　② 2개
③ 3개　　　　　　④ 4개

|1~5| 다음 중 아래의 밑줄 친 ⓐ과 같은 의미로 사용된 것을 고르시오.

1.

> 20세기 중반에, 뒤샹이 변기를 가져다 전시한 「샘」이라는 작품은 예술 작품으로 인정되지만 그것과 형식적인 면에서 차이가 없는 일반적인 변기는 예술 작품으로 인정되지 않는 이유를 설명하지 못하게 되자 두 가지 대응 이론이 ⓐ나타났다.

① 뜻밖에 목격자가 우리 앞에 <u>나타나는</u> 바람에 상황은 우리에게 유리하게 진행되었다.

② 소년이 아버지와 같은 길을 걸을 것 같은 징후가 <u>나타났다</u>.

③ 다음 날 날이 어두워지자 길거리에 횃불 행렬이 <u>나타나기</u> 시작했다.

④ 그의 마지막 저서에는 그가 말하고자 하는 바가 잘 <u>나타</u>나 있다.

⑤ 아낙네의 손에서 오래도록 쌓인 분노가 <u>나타났다</u>.

2.

> 항미생물 화학제의 작용기제는 크게 병원체의 표면을 손상시키는 방식과 병원체 내부에서 대사 기능을 저해하는 방식으로 ⓐ나눌 수 있지만, 많은 경우 두 기제가 함께 작용한다.

① 교실의 학생들은 남학생과 여학생들로 <u>나누게</u> 되었다.

② 장남은 사과 하나를 형제들의 수대로 <u>나누고</u> 가장 작은 조각을 집었다.

③ 30을 6으로 <u>나눌</u> 수 있다는 설명을 들었지만 이해하지 못했다.

④ 수익금을 공정하게 <u>나누는</u> 방법에 대해 다양한 의견이 등장했다.

⑤ 주에 한 번 차를 <u>나누며</u> 이야기를 하는 것도 어려웠다.

3.

> 산림에 ⓐ살면서 명리에 마음을 두는 것은 큰 부끄러움이다. 시정에 살면서 명리에 마음을 두는 것은 작은 부끄러움이다. 산림에 살면서 은거에 마음을 두는 것은 큰 즐거움이다. 시정에 살면서 은거에 마음을 두는 것은 작은 즐거움이다.

① 청년은 불씨가 <u>살아있는</u> 것을 보지 못하고 하산했다.

② 진 사원의 기획은 브랜드의 색이 확연히 <u>살아나는</u> 아이디어였다.

③ 우린 어린시절을 지냈던 동네에 대한 기억이 아직도 <u>살아있는</u> 것에 놀랐다.

④ 회사 근처에 <u>사는</u> 것이 시간을 아끼는 가장 좋은 방법이다.

⑤ 교통사고가 그렇게 크게 났는데 핸드폰이 <u>살아있는</u> 것이 용하다.

4.

> 전문가들은 그림의 ⓐ가운데에 있는 글자를 언급하며 밤의 시각을 알기위해 중성기를 활용하는 방법을 예를 들어 설명하였다.

① 두 건물 <u>가운데</u>에 새로운 건물이 들어섰다.

② 들판에 핀 꽃들 <u>가운데</u> 내가 제일 좋아하는 꽃은 파란 꽃이다.

③ 서우는 성적이 반에서 <u>가운데</u>는 된다.

④ 많은 출연진들 <u>가운데</u> 그가 가장 돋보였다.

⑤ 여인은 강 <u>가운데</u>에 떠있는 흰 물체를 한참 바라보았다.

5.

> 나는 그때
> 아모 이기지 못할 슬픔도 시름도 ㉠없이
> 다만 게을리 먼 앞대로 떠나 나왔다.

① 없이 사는 설움은 말로 전할 수 없는 것이었다.

② 대한민국이 금메달이라는 소식에 모두 더할 수 없이 기뻐했다.

③ 떠들썩한 사고에 아무 탈 없이 돌아온 것만으로도 나는 감사했다.

④ 아이를 낳고 보니 아이 없이는 못살 것만 같은 기분이 든다.

⑤ 이사를 간다더니 모아둔 돈도 없이 어딜 가겠다는 건지 모르겠다.

6. 다음의 자료에 대한 반응으로 적절한 것은?

> • 키가 큰 친구의 동생을 만났다.
> → 키가 큰, 친구의 동생을 만났다. ·············· ㉠
> • 엄마는 사과와 귤 두 개를 주셨다.
> → 엄마는 사과 하나와 귤 두 개를 주셨다. ·········· ㉡
> • 오빠와 동생은 선생님을 찾아갔다.
> → 오빠와 동생은 함께 선생님을 찾아갔다. ·········· ㉢
> • 그는 어제 고향에서 온 친구를 만났다.
> → 그는 고향에서 온 친구를 어제 만났다. ··········· ㉣
> • 이번 시험에서 답을 몇 개 쓰지 못했다.
> → 이번 시험에서 답을 몇 개밖에 쓰지 못했다. ········ ㉤

① ㉠은 쉼표를 추가하여 꾸미는 대상이 분명히 드러나도록 고친 것이군.

② ㉡은 다의어를 다른 단어로 대체함으로써 과일의 수를 분명히 드러냈군.

③ ㉢은 조사를 첨가하여 의미가 두 가지로 해석되는 것을 방지하였군.

④ ㉣은 적절한 단어를 추가하여 의미가 분명하게 드러나도록 고친 것이군.

⑤ ㉤은 어순을 변경하여 부정의 대상이 분명히 드러나도록 고친 것이군.

7. <보기>를 참고할 때 사이시옷을 적을 수 있는 것은?

> <보기>
> 제 30 항 사이시옷은 다음과 같은 경우에 받치어 적는다.
> 1. 순우리말로 된 합성어로서 앞말이 모음으로 끝난 경우
> (1) 뒷말의 첫소리가 된소리로 나는 것
> (2) 뒷말의 첫소리 'ㄴ, ㅁ' 앞에서 'ㄴ' 소리가 덧나는 것
> (3) 뒷말의 첫소리 모음 앞에서 'ㄴㄴ' 소리가 덧나는 것
> 2. 순우리말과 한자어로 된 합성어로서 앞말이 모음으로 끝난 경우
> (1) 뒷말의 첫소리가 된소리로 나는 것
> (2) 뒷말의 첫소리 'ㄴ, ㅁ' 앞에서 'ㄴ' 소리가 덧나는 것
> (3) 뒷말의 첫소리 모음 앞에서 'ㄴㄴ' 소리가 덧나는 것
> 3. 두 음절로 된 다음 한자어: 곳간(庫間), 셋방(貰房), 숫자(數字), 찻간(車間), 툇간(退間), 횟수(回數)

① 위+층　　　　　② 대+잎

③ 인사+말　　　　④ 전세+방

⑤ 뒤+편

8. 다음의 주장을 비판하기 위한 근거로 적절하지 않은 것은?

> 영어는 이미 실질적인 인류의 표준 언어가 되었다. 따라서 세계화를 외치는 우리가 지구촌의 한 구성원이 되기 위해서는 영어를 자유자재로 구사할 수 있어야 한다. 더구나 경제 분야의 경우 국가간의 경쟁이 치열해지고 있는 현재의 상황에서 영어를 모르면 그만큼 국가가 입는 손해도 막대하다. 현재 우리 나라가 영어 교육을 강조하는 것은 모두 이러한 이유 때문이다. 따라서 우리가 세계 시민의 일원으로 그 역할을 다하고 우리의 국가 경쟁력을 높여가기 위해서는 영어를 국어와 함께 우리 민족의 공용어로 삼는 것이 바람직하다.

① 한 나라의 국어에는 그 민족의 생활 감정과 민족 정신이 담겨 있다.

② 외국식 영어 교육보다 우리 실정에 맞는 영어 교육 제도를 창안해야 한다.

③ 민족 구성원의 통합과 단합을 위해서는 단일한 언어를 사용하는 것이 바람직하다.

④ 세계화는 각 민족의 문화적 전통을 존중하는 문화 상대주의적 입장을 바탕으로 해야 한다.

⑤ 경제인 및 각 분야의 전문가들만 영어를 능통하게 구사해도 국가간의 경쟁에서 앞서 갈 수 있다.

고전은 왜 읽는가? 고전 속에는 오랜 세월을 견뎌 온 지혜가 살아 있다. 그때도 그랬고 지금도 그렇다. 고전은 시간을 타지 않는다. 아주 오래전에 쓰인 고전이 지금도 힘이 있는 것은 인간의 삶이 본질적으로 변한 적이 없기 때문이다. 사람은 누구나 태어나 성장하고, 늙고 병들어 죽는다. 자기 성취를 위해 애쓰고, 좋은 배우자를 얻어 경제적으로 넉넉한 삶을 누리며 살고 싶어 한다. 하지만 좋은 집과 많은 돈만으로 채워지지 않는 그 무엇이 있다. 사람이 태어나 이 세상에 왔다 간 보람을 어디서 찾을까?

연암 박지원 선생의 글 두 편에서 그 대답을 찾아본다. 먼저 '창애에게 답하다'[답창애(答蒼厓)]란 편지글에는 문득 눈이 뜨인, 앞을 못 보던 사람의 이야기가 나온다. 수십 년 동안 앞을 못 보며 살던 사람이 길 가던 도중에 갑자기 사물을 또렷이 볼 수 있게 되었다. 얼마나 놀라운 일인가? 늘 꿈꾸던 믿을 수 없는 일이 일어났다. 하지만 기쁨은 잠시, 앞을 못 보는 삶에 길들여져 있던 그는 한꺼번에 쏟아져 들어온 엄청난 정보를 도저히 ㉠처리할 능력이 없었다. 그는 갑자기 자기 집마저 찾지 못하는 바보가 되고 말았다. 답답하여 길에서 울며 서 있는 그에게 화담 선생은 도로 눈을 감고 지팡이에게 길을 물으라는 처방을 내려 준다.

또 '하룻밤에 아홉 번 강물을 건넌 이야기'[일야구도하기(一夜九渡河記)]에서는 황하를 건널 때 사람들이 하늘을 우러러보는 이유를 설명했다. 거센 물결의 소용돌이를 직접 보면 그만 현기증이 나서 물에 빠지게 되기 때문이다. 그럼에도 물결 소리는 귀에 하나도 들리지 않는다. 눈에 보이는 것에 신경 쓸 겨를도 없는데 무슨 소리가 들리겠는가? 하지만 한밤중에 강물을 건널 때에는 온통 ㉡압도해 오는 물소리 때문에 모두들 ㉢공포에 덜덜 떨었다. 연암은 결국 눈과 귀는 전혀 믿을 것이 못 되고, 마음을 텅 비워 바깥 사물에 ㉣현혹되지 않는 것만 못하다고 결론을 맺는다.

이 두 이야기는 사실은 복잡한 정보화 사회를 살아가는 우리들이 귀담아들어야 할 내용이다. 사람들은 날마다 수 없이 많은 정보를 받아들여 처리한다. 그런데 정보의 양이 감당할 수 없을 만큼 늘어나고 그 속에 진짜와 가짜가 뒤섞이게 되면, 갑자기 앞을 보게 된 그 사람처럼 제집조차 못 찾거나, 정신을 똑바로 차린다는 것이 도리어 강물에 휩쓸리고 마는 결과를 낳는다. 앞을 못 보던 사람이 눈을 뜨는 것은 더없이 기쁘고 좋은 일이다. 위기 상황에서 정신을 똑바로 차리는 것은 언제나 중요하다. 하지만 그로 인해 자기 집을 잃고 미아가 되거나 더 큰 위험에 처하게 된다면, 차라리 눈과 귀를 믿지 않는 편이 더 나을지도 모른다.

고전은 '창애에게 답하다'에 나오는 그 지팡이와 같다. 갑자기 길을 잃고 헤맬 때 길을 알려 준다. 지팡이가 있으면 길에서 계속 울며 서 있지 않아도 된다. 하지만 사람들은 일단 눈을 뜨고 나면 지팡이의 ㉤존재를 까맣게 잊는다. 그러고는 집을 못 찾겠다며 길에서 운다. 고전은 그러한 사람에게 길을 알려 주는 든든한 지팡이다. 뱃길을 잃고 캄캄한 밤바다를 헤매는 배에게 멀리서 방향을 일러 주는 듬직한 등댓불이다.

9. 주어진 글의 주된 전개 방식으로 가장 적절한 것은?

① 예시와 비유를 통해 독자의 이해를 돕고 있다.
② 상반되는 두 주제를 유추를 통해 연결하고 있다.
③ 주제를 일정 기준에 따라 나누어 설명하고 있다.
④ 단어의 뜻을 이해하기 쉽게 풀어서 설명하고 있다.
⑤ 사건이 발생하는 공간이 그림을 그리듯 명확히 묘사하고 있다.

10. 다음 중 ㉠~㉤의 문맥적 의미와 다르게 사용된 것은?

① ㉠ : 약품 처리한 토마토는 깨끗이 씻어서 먹어야 한다.
② ㉡ : 적군의 성난 기세에 압도된 병사들은 전장으로 나가길 꺼렸다.
③ ㉢ : 그는 매일 밤을 죽음의 공포와 싸우며 보냈다.
④ ㉣ : 사기꾼의 말에 현혹되어 재산을 다 날렸다.
⑤ ㉤ : 그는 손에 있는 핸드폰의 존재는 까맣게 잊어버렸다.

역사가 삶을 가르치고 삶을 규정하는 조건이라면, 삶이 역사와 어떤 방식으로 관계를 가질 때 역사의 올바른 의미가 드러나는 것일까? 역사는 삶에 ㉠기여해야 한다. 삶이 역사와 관계를 맺는 것을 '기념비적 역사', '골동품적 역사', '비판적 역사'로 나누어 볼 수 있다.

기념비적 역사는 과거의 위대함에 대한 회상을 통해 새로운 위대함의 가능성을 ㉡촉진하는 역사이다. 이는 '인간'의 개념을 더욱 확대하고 아름답게 성취하게 하여 인간 현존의 모습을 보다 차원 높게 만든다. 그러나 기념비적 역사를 통해 과거의 위대함이 우상 숭배적으로 찬양되어 생성과 변화가 무시된다면, 역사적 상황이나 시대적 필요와 아무 관련이 없는 특정한 위대함에 대한 광신주의가 탄생할 것이다. 과거에 대한 일방적 의미 규정, 특정한 역사적 위대함에 대한 숭배와 모방의 강요는 기념비적 역사가 지닌 위험이다.

골동품적 역사는 오래된 과거를 찾아 보존하면서 ㉢전승하는 역사이다. 여기에서는 실증적 사실의 확인은 중요하지 않다. 골동품적 역사는 전통과 매개되어, 인간은 이를 통해 비로소 자신의 유래를 알고 자신을 이해하며 더욱 확장하게 된다. 비범한 대상에 대한 관심에서 시작하는 기념비적 역사와는 달리 골동품적 역사는 일상적 습관과 관습을 규정하고 보존하며, 민족의 역사적 고유성 속에서 민족 구성원 모두를 결합시키는 귀속성의 감정을 만들어낸다. 이는 골동품적 역사를 통해 현재의 인간이 전통과 유래를 인식함으로써 행복을 느낀다는 것이다. 그러나 골동품적 역사는 과거에 대한 미라(mirra)적 숭배로 미래적 삶에 대한 뿌리를 송두리째 뽑아낼 수 있다. 이와 함께 그것은 굳은 관습으로 전락할 수 있다. 즉 골동품적 역사는 삶을 단지 보존할 줄만 알 뿐 생산할 줄은 모르게 되는 것이다.

비판적 역사는 과거를 숭상하거나 보존하기 위해서가 아니라 과거를 부정하기 위한 역사이다. 비판적 역사의 유용성은 과거의 절대화와 고착화에 ㉣대항하여 삶을 과거의 폭력으로부터 해방시킨다는 데 있다. 역사적 전통은 인간에 의해 창출된 것이므로 그 안에는 판결 받아야 할 정치적 특권, 지배적 관습 등이 존재한다. 비판적 역사는 이들을 폭로하고 파괴한다. 이때 판결 기준은 절대적이고 선험적인 정의가 아니라 자기 자신의 욕구에 따른 삶 자체이다. 비판적 역사는 보존되고 전승된 과거와 투쟁을 벌여 새로운 관습과 본능을 창안하고자 한다. 인간은 비판적 역사를 통해 능동적이고 주체적으로 자신이 원하는 과거를 만들고 정당화하는 것이다. 비판적 역사 역시 위험성을 가지고 있다. 억압과 지배로부터 해방의 의지를 품었으나, 새로운 삶의 가능성을 위한 과거 부정의 척도를 세울 수 없는 비판적 역사는 단지 과거만을 파괴하는 결과를 초래할 수 있다.

인간은 기념비적, 골동품적, 비판적 관점에서 과거를 사용하여 자신이 원하는 역사를 만들어내야 한다. 이를 통해 역사는 우리의 삶에 의미 있고 ㉤유용한 것으로 기능해야 하는 것이다.

11. 윗글의 내용 전개 방식으로 적절한 것은?

① 중심 화제를 관점에 따라 유형화 하고 각각의 장·단점을 설명하고 있다.

② 중심 화제와 관련한 논의 내용을 정리하고 새로운 이론을 제시하고 있다.

③ 중심 화제를 다룬 두 이론의 차이를 설명하고 구체적 사례에 적용하고 있다.

④ 중심 화제에 대한 통념의 문제점을 지적하고 반대되는 견해를 제시하고 있다.

⑤ 중심 화제의 개념을 정의하며 이론을 소개하고 이론의 발전 가능성을 언급하고 있다.

12. ㉠~㉤을 바꾸어 쓴 말로 적절하지 않은 것은?

① ㉠ : 이바지해야   ② ㉡ : 나타내는

③ ㉢ : 이어 가는   ④ ㉣ : 맞서

⑤ ㉤ : 쓸모 있는

▮13~14▮ 다음 글을 읽고 물음에 답하시오.

A 씨가 인터넷 쇼핑몰에서 악기를 구입하려고 할 때 어떻게 하면 안전하게 구매할 수 있을까? 이때 '전자상거래 등에서의 소비자보호법'이 도움을 줄 수 있다. 약칭 '전자상거래소비자보호법'은 전자상거래나 통신 판매에서 소비자 피해를 예방하고 소비자의 권익을 보호하기 위한 법이다.

안전한 구매를 위해 A 씨는 이 법률에서 규정하고 있는 여러 보호 장치를 잘 이해하고 확인할 필요가 있다. 우선 판매자의 신원 정보 확인, 청약확인 등을 거쳐야 한다. 신원 정보 확인이란 판매자의 상호, 사업자등록번호, 연락처 등을 쇼핑몰 초기 화면에서 확인하는 것을 말한다. 청약확인은 소비자의 계약 체결 의사인 청약의 내용을 확인하는 것으로 대금 결제 전 특정 팝업창에서 확인할 수 있다. 이러한 팝업창을 통해 소비자의 컴퓨터 조작 실수나 주문 실수를 방지하기 위한 것이다. 또한 에스크로 가입 여부를 확인하는 방법도 있다. ㉠에스크로란 소비자가 지불한 물품 대금을 은행 등 제3자에게 맡겼다가 물품이 소비자에게 배송 완료된 후 구매 승인을 하면 은행에서 판매자 계좌로 대금을 입금하는 거래 안전장치로 결제 대금 예치제라고도 하며, 소비자는 에스크로 가입 여부를 쇼핑몰 초기 화면이나 결제 화면에서 확인할 수 있다. A 씨의 경우, 에스크로 가입 여부를 확인하고 악기를 구입하면 안전한 구매를 할 수 있다.

현재 선불식 현금 거래에서 사업자는 의무적으로 에스크로에 가입해야 한다. 단, 신용카드 거래의 경우 별도의 시스템을 이용하며, 음원처럼 제3자가 배송을 확인하는 것이 불가능한 재화의 경우 제품 배송 여부를 에스크로를 통해 파악할 수 없기 때문에 의무 적용에서 제외된다. 이러한 장치들을 확인하지 않는다면 소비자가 피해를 입을 가능성이 높다.

제품 구매 후 소비자 보호 장치로는 청약철회가 있다. 만약 A 씨가 악기를 배송 받았는데 마음에 들지 않는다면 제품 하자 여부와 관계없이 청약을 철회할 수 있다. 단, 통상 제품을 받은 날로부터 7일 이내에 청약을 철회해야 한다. 하지만 A 씨처럼 단순 변심일 경우 반송비를 자신이 부담해야 한다. 제품이 광고 내용과 다를 경우에도 청약을 철회하는 것이 가능한데, 이때에는 A 씨가 제품을 훼손했더라도 청약철회가 가능할 뿐만 아니라 배송비도 환불받을 수 있다. 아울러 청약 및 철회에 관한 기록들은 5년 동안 보존되므로 분쟁이 생겼을 때 관련 기록을 열람할 수 있다.

하지만 이 법률이 소비자의 권리만을 보호하는 것은 아니다. 소비자 잘못으로 제품이 훼손되었거나, 시간 경과나 사용으로 인해 제품 가치가 현저히 떨어진 경우, 서적 등 복제가 가능한 제품의 포장을 훼손한 경우에는 원칙적으로 청약철회가 불가능하다. 이는 소비자가 의도적으로 제도를 악용하는 것을 막아 판매자의 최소한의 권리를 보호하기 위한 것이다.

13. 윗글을 통해 알 수 있는 내용으로 적절하지 않은 것은?

① 분쟁이 생겼을 경우 소비자는 자신의 청약과 관련된 기록을 열람할 수 있다.

② 전자상거래소비자보호법에는 판매자를 보호하기 위한 내용도 포함되어 있다.

③ 소비자는 판매자의 신원 정보를 확인함으로써 제품을 안심하고 구매할 수 있다.

④ 전자상거래소비자보호법은 소비자 피해를 예방하는 것보다 보상에 초점을 둔다.

⑤ 온라인상에서 전자책을 판매하는 사업자는 에스크로에 의무적으로 가입하지 않아도 된다.

14. ㉠의 효과로 가장 적절한 것은?

① 소비자가 판매자의 신원 정보를 확인할 수 있다.

② 소비자가 판매자로부터 물품 대금을 회수할 수 있다.

③ 판매자가 소비자의 구매 승인 과정에 관여할 수 있다.

④ 판매자가 물품 대금을 받기까지의 시간을 단축할 수 있다.

⑤ 소비자가 물품을 직접 확인한 후 구매 의사를 결정할 수 있다.

▌15～16 ▌ 다음 글을 읽고 물음에 답하시오.

한 나라에서 사는 사람들끼리 서로 방언 때문에 의사소통이 안 된다거나 오해가 생긴다면 큰 문제가 아닐 수 없다. 그래서 국가에서는 특정 시대, 특정 지역, 특정 계층에서 사용하는 말을 정하여, 모든 국민이 배우고 쓸 수 있게 하는데, 이렇게 인위적으로 정한 말을 표준어라고 한다. 우리나라는 "표준어는 교양 있는 사람들이 두루 쓰는 현대 서울말로 정함을 원칙으로 한다."라고 규정하였다. 여기에서 '교양 있는 사람들'이라는 말은 계급적 조건을 나타내며, '현대'라는 말은 시대적 조건을 나타낸다. 이미 쓰이지 않게 된 말은 표준어가 될 수 없으며, 우리들이 살고 있는 시대에 두루 쓰이고 있는 말이 표준어가 된다. 예를 들어, '머귀나무, 오동나무' 중에서 현대에는 '머귀나무'는 쓰이지 않으므로, '오동나무'가 표준어다. '서울'은 지역적 조건을 나타내는데, 이곳은 문화적·정치적 중심지이므로 여기에서 쓰이는 말이 전국 방언의 대표가 될 만하다고 인정한 것이다. 그러나 서울말이라고 해서 모두 표준어가 되는 것은 아니다. 서울말에도 방언이 존재하기 때문이다. 한편, 시골 말이라도 표준어가 되는 것이 있다. 이와 같이 모든 규정에는 예외가 있을 수 있으므로, '원칙으로 한다.'고 하였다. 표준어는 우리나라의 공용어로서 국민의 의사소통을 원활하게 해 주며, 국어 순화에도 기여한다. 반면, 방언은 서로 다른 지역에서 사는 사람들끼리 의사소통하기가 어려운 점이 있지만 다음과 같이 중요한 가치를 지니고 있다. 우선, 표준어도 여러 방

언 중에서 대표로 정해진 것이므로 방언이 없으면 표준어의 제정이 무의미하다. 그리고, 방언은 실제로 언중(言衆)들이 사용하는 국어이므로, 그 속에는 국어의 여러 가지 특성이 그대로 드러난다. 또한, 방언 속에는 옛말이 많이 남아 있어서, 국어의 역사를 연구하는 데 큰 도움을 준다. 아울러, 방언은 특정한 지역이나 계층의 사람끼리 사용하기 때문에 그것을 사용하는 사람들 사이에 친근감을 느끼게 해준다. 또한, 방언 속에는 우리 민족의 정서와 사상이 들어 있어서, 민족성과 전통, 풍습을 이해하는 데 도움을 준다. 방언이 문학 작품에서 사용되면 현장감을 높일 수 있고 작품의 향토적 분위기를 조성하는 데 이바지할 수 있으며, 독자의 흥미를 높이는 역할을 하기도 한다. 유구한 역사의 바탕 위에 풍부한 문화를 누리고, 교양을 갖춘 국민으로서, 표준어를 사용하는 것은 의무이며 권리다. 그러나 특별한 경우에 방언을 사용하는 일도 의의 있는 일이며, 학문적으로 연구하는 일도 게을리 할 수 없는 일임을 알아 두어야 할 것이다.

15. 위 글에서 확인할 수 없는 것은?

① 방언의 가치

② 표준어의 조건

③ 표준어의 기능

④ 방언 연구의 방법

⑤ 표준어 제정의 필요성

16. 위 글의 전제로 볼 수 없는 것은?

① 언어는 의사소통의 기본 수단이다.

② 언어는 시간의 흐름에 따라 변한다.

③ 언어는 그 사회의 문화를 반영한다.

④ 언어는 의미와 음성이 결합된 기호이다.

⑤ 언어는 사회적 필요에 따라 맺어진 약속이다.

인류 종교사에 나타나는 종교적 신념 체계는 다양한 유형으로 나타난다. 이 유형 간의 관계를 균형 있게 이해할 때 우리는 시대정신과 신념 체계와의 관계를 구조적으로 밝힐 수 있다. 그러면 이 유형들의 주된 관심사와 논리적 태도를 살펴보자. 먼저 기복형은 그 관심이 질병이나 재앙과 같은 현세의 사건을 구체적으로 해결해 보려는 행위로 나타난다. 그러므로 이 사유 체계에서는 삶의 이상이 바로 현세적 조건에 놓여진다. 현세의 조건들이 모두 충족된 삶은 가장 바람직한 이상적 삶이 되는 것이다. 따라서 기복 행위는 비록 내세의 일을 빈다 할지라도 내세의 이상적 조건을 현세의 조건에서 유추한다. 이와 같은 기복사상은 현세적 삶의 조건을 확보하고 유지하는 것을 중심 과제로 여기기 때문에 철저히 현실 조건과 사회 질서를 유지하려는 경향이 강하다. 이 때문에 주술적 기복 행위는 근본적으로 이기적 성격을 지니며 행위자의 내면적 덕성의 함양은 그 관심 밖에 머무는 것이다. 다음으로 구도형은 인간 존재의 실존적 제약에 대한 인식을 바탕으로 이상적인 자아 완성을 추구하는 존재론적 문제에 관심을 집중한다. 이러한 사상 체계에서는 현실적 조건과 이상 사이의 커다란 차이를 인식하고 그것을 바탕으로 현세적 조건들을 재해석한다. 그 결과 우주와 사회와 인간이 하나의 원칙에 의해서 동일한 질서를 유지하고 있다는 신념, 이른바 우주관을 갖게 된다. 그런데 이 같은 전인적 이상과 진리의 실천이라는 목표를 달성하기 위해 구도자에게 극기와 고행이 요구된다. 또한 고행은 그의 실천 자체가 중대한 의미를 지니며 전인적 목표와 동일한 의미를 갖는다. 때문에 구도자의 주된 관심은 전인적 이상과 진리의 실천이며 세속적 일들과 사회적 사건은 그의 관심 밖으로 밀려 나가게 된다. 끝으로 개벽형은 이상 세계의 도래를 기대하며 그 때가 올 것을 준비하는 일에 관심이 집중된다. 이상 세계가 오면 지금까지의 사회적 문제들과 개인 생존의 어려움이 모두 일거에 해결된다고 믿는다. 현재의 사회 조건과 이상적 황금시대의 조건과 차이가 심하면 심할수록 새 시대의 도래는 극적이며 시대의 개벽은 더 장엄하고 그 충격은 더 크게 마련이다. 그러므로 개벽사상은 사회의 본질적 변혁을 추구하는 개혁 의지와 이상 사회에 대한 집단적 꿈이 깃들여 있다. 이러한 개벽 사상에서는 주술적 생존 동기나 구도적 고행주의는 한낱 무기력하고 쓸모없는 덕목으로 여겨질 뿐이다. 개벽 사상은 한마디로 난세의 철학이며 난세를 준비하는 혁명 사상인 것이다. 한 종교 사상 안에는 이와 같은 세 유형의 신념 체계가 공존하고 있다. 그 중의 하나가 특별히 강조되거나 둘 또는 세 개의 유형이 동시에 강조되어 그 사상의 지배적 성격을 결정하는 것이다. 기복, 구도, 개벽의 삼대 동기는 사실 인간의 종교적 염원의 삼대 범주를 이루고 있다. 인간이 근원적으로 희망하는 것이 있다면 이 세 개의 형태로 나타날 것이다. 그러므로 이 삼대 동기가 동시에 공존하면서 균형을 유지할 때 가장 조화된 종교 사상을 이루게 된다.

17. 위 글이 어떤 질문에 대한 대답의 글이라고 할 때 그 질문으로 가장 적절한 것은?

① 종교는 현실을 어떻게 반영하는가?

② 종교와 인간의 본성은 어떤 관계가 있는가?

③ 종교는 인간의 신념을 어떻게 구현하고 있는가?

④ 종교는 인간의 이상을 얼마만큼 실현시킬 수 있는가?

⑤ 종교의 변화는 시대적 상황에 얼마나 영향을 받는가?

18. 위 글의 내용과 일치하지 않는 것은?

① 기복형은 현세적 조건의 만족을 추구하는 신념 체계이다.

② 윤리적, 도덕적 덕성의 함양은 신념 체계의 공통된 목표이다.

③ 구도형은 우주와 사회와 인간이 동일한 질서를 유지하고 있다고 믿는다.

④ 개벽형은 현실의 문제와 이상 세계의 괴리감에 대한 각성을 기반으로 한다.

⑤ 인간의 삶과 현실의 문제에 대한 대응 방식은 신념 체계에 따라 다양하게 나타난다.

1990년 인간 게놈 프로젝트가 시작되었을 때 대부분의 과학자들은 인간의 유전자 수를 10만 개로 추정했다. 인간 DNA보다 1,600배나 작은 DNA를 가진 미생물이 1,700개의 유전자를 가지고 있었으므로 인간처럼 고등 생물의 기능을 가지려면 유전자 수가 적어도 10만 개는 돼야 한다고 생각했던 것이다. 그러나 2003년 국제 컨소시엄은 인간의 모든 유전자를 밝혔다고 하면서 인간의 유전자 수는 겨우 3만~4만 개라고 발표하였다. 그 후 더욱 정밀한 연구를 거쳐 인간의 유전자 수는 2만~2만 5천 개라고 공식적으로 발표하였다. 이것은 식물인 애기 장대와 비슷하고 선충이나 초파리보다 겨우 몇 백 개에서 몇 천 개가 많은 데 불과하다. 즉 인간의 유전자 수는 다른 생물체에 비해 그다지 많지 않음이 밝혀진 것이다. 사실 인간이 우월하다는 관점은 생명 현상에서만 본다면 적절하지 않다. 후각이나 힘, 추위에 견디는 능력 등 특정 능력 면에서 인간은 여타의 생물체에 비해 우월하다고 볼 수 없기 때문이다. 그렇지만 새로운 것을 창조하는 창의력과 아이디어, 문화 등에서 인간이 다른 생물보다 월등하게 뛰어난 것은 틀림없는 사실이다.

여타의 생물과 확연하게 구별되는 탁월한 능력의 소유자인 인간이 유전자 수에서는 왜 다른 생물과 별 차이가 없는 것일까? 이에 대한 대답으로 먼저, 인간의 유전자는 '슈퍼 유전자'라는 견해가 있다. 인간의 유전자는 다른 생물보다 더 많은 단백질을 만들어냄으로써 더 뛰어난 기능, 더 새로운 기능을 창조할 수 있다는 것이다. 독일의 스반테 파보 박사 연구팀은 인간과 침팬지의 기억 단백질을 만드는 유전자를 비교한 결과 인간 유전자의 기억 단백질을 만드는 능력이 침팬지의 그러한 능력보다 두 배나 높다는 사실을 밝혀냈다. 연구팀은 이 차이가 인간과 침팬지의 기억 능력에 대한 차이를 설명할 수 있을 것으로 보았다. 다음으로 인간의 유전자 수는 선충, 초파리 등과 비슷하지만, 만들어진 단백질은 다른 생물의 단백질과는 달리, 동시에 여러 가지 기능을 할 수 있다는 주장이 있다. 다시 말해 인간의 유전자는 축구 선수로 치면 공격, 수비, 허리를 가리지 않는 '멀티 플레이어'라는 것이다. 또 인간의 단백질은 여러 개의 작은 단백질이 조합을 이루어 어떤 일을 하는 '팀 플레이' 형태 즉, 다른 하등 생물에 비해 훨씬 분업화되고 전문화된 형태로 협력하도록 진화한 것이라는 견해가 있다. 실제로 선충에는 하나의 거대한 단백질이 특정한 하나의 일을 하는 경우가 많다. 축구로 말한다면 뛰어난 개인기를 가진 스타가 혼자 경기를 이끌어 가는 것이다. 그러나 인간의 단백질은 여러 개의 작은 단백질들이 업무를 분담하여 전문적으로 자신의 역할을 수행한다는 것이다. 이러한 사실들은 결국 인간의 DNA에 있는 유전자의 수가 중요한 것이 아니라, DNA에서 만들어지는 단백질의 종류와 다중 역할, 단백질들이 만드는 네트워크의 복잡성이 다른 생물에 비해 월등히 뛰어남으로써 인간을 우월하게 만드는 요소가 되고 있음을 보여주는 것이다.

19. 위 글의 내용과 일치하는 것은?

① 초파리의 유전자 수는 인간의 유전자 수와 같다.

② 인간에 비해 하등 생물의 단백질은 분업화되어 있다.

③ 생명 현상의 관점에서 볼 때, 인간은 모든 동물의 영장임이 밝혀졌다.

④ 유전자를 연구한 과학자들은 인간과 선충의 유전자 수 차이가 매우 크다는 사실에 놀랐다.

⑤ 게놈 연구 초기에 과학자들은 고등 생물의 유전자 수가 하등 생물보다 많을 것이라고 생각했다.

20. 위 글의 중심 내용으로 가장 적절한 것은?

① 인간의 진화

② 인간의 창의성

③ 인간 유전자의 특성

④ 인간의 단백질 형성 과정

⑤ 인간과 초파리 유전자의 차이점

21. 다음 속담과 공통적으로 뜻이 통하는 성어는?

> • 빈대 잡으려다 초가삼간 태운다.
> • 쥐 잡다 장독 깬다.
> • 소 뿔 바로 잡으려다 소 잡는다.

① 설상가상(雪上加霜)　　② 견마지로(犬馬之勞)

③ 교왕과직(矯枉過直)　　④ 도로무익(徒勞無益)

⑤ 침소봉대(針小棒大)

22. '직업의 이모저모에 대하여'라는 제목으로 글을 쓰기 위해 직업을 분류하였다. 분류 기준으로 알맞은 것은?

> Ⅰ그룹 : 변호사, 농부, 어부, 광부, 상인, 회사원, 작가, 예술가, 회계사
> Ⅱ그룹 : 군인, 경찰, 철도 기관사, 판사, 검사, 교사, 일반 공무원

① 소득이 높은 직업인가? 소득이 낮은 직업인가?

② 사회적 지위가 높은 직업인가? 낮은 직업인가?

③ 자격증을 필요로 하는 직업인가? 그렇지 않은 직업인가?

④ 육체적 노동을 요하는 직업인가? 정신적 노동을 요하는 직업인가?

⑤ 사적인 일을 수행하는 직업인가? 공적인 일을 수행하는 직업인가?

23. '과학 기술의 발달을 대상으로 하여 표현하려고 한다. 〈보기〉의 의도를 잘 반영하여 표현한 것은?

〈보기〉
㉠ 비유와 대조의 방법을 사용한다.
㉡ 대상이 지니고 있는 양면적 속성을 드러낸다.

① 과학 기술의 발달은 현대 사회의 생산력을 높여 주고, 이를 통해서 모든 인간의 물질적 수요를 충족시켜 준다.
② 과학 기술의 발달은 그 무한한 가능성으로 인해 인간에게 희망을 줄 수도 있지만, 반면에 심각한 위협을 주기도 한다.
③ 과학 기술의 발달은 인간에게 풍요와 편리를 안겨다 준 천사이면서, 동시에 인간의 무지를 깨우쳐 준 지혜의 여신이다.
④ 과학 기술의 발달은 인간을 해방시켜 자아를 실현하게 할 수도 있지만, 인간을 로봇처럼 조종하기 위해서 미숙한 상태로 억눌러 둘 수도 있다.
⑤ 과학 기술의 발달은 과거와는 현저히 다른 양상으로 인간의 운명을 이끌었고, 앞으로도 어떤 변화를 가져올지 모르는 수수께끼와 같은 존재이다.

24. 다음 글의 논증 구조를 바르게 분석한 것은?

㉠그 동안 과학이 눈부시게 발달해 온 데 힘입어 오늘날 우리의 생활은 매우 윤택해졌다. ㉡그래서 많은 사람들은 과학에는 거짓이 없고 실패가 없다고 믿게 되었다. ㉢그러나 과학은 우리의 삶의 문제를 해결하기에는 너무나 미약하고 부적절할 뿐 아니라 오히려 환경을 오염시키고 생태계를 파괴해 왔다. ㉣그런데도 여전히 과학만능주의에서 벗어나지 못한다면 우리는 조만간 인류 파멸의 비극을 맞게 될지도 모른다. ㉤이런 점에서 과학의 역기능을 분명히 인식하고 좀 더 냉정하고 합리적인 태도로 과학을 대하는 것은 지속적인 과학 발전을 지향하는 데 필요한 선결 과제라 할 것이다.

① ㉠은 ㉡의 결론이다.
② ㉡은 ㉢의 전제이다.
③ ㉢은 ㉣의 전제이다.
④ ㉣은 ㉤의 전제이다.
⑤ ㉤은 ㉠~㉣의 부연이다.

25. 다음은 하나의 문단을 구성하는 문장들을 순서 없이 늘어놓은 것이다. 이 문단의 맨 마지막에 놓여야 할 문장은?

㉠ 또한 권력은 인간의 행동을 강요할 수는 있어도 진심으로 복종시킬 수는 없다.
㉡ 그러나 권위는 인간을 진심으로 복종시킨다.
㉢ 하지만 권위는 오랜 세월 동안 내면에서 닦여진 진정한 힘을 가지고 있다.
㉣ 권력은 외형적으로 금방 드러나는 강제력을 가지고 있지만, 권위는 그것을 가지고 있지 못하다.
㉤ 권력과 권위는 분명히 다른 것이다.

① ㉠   ② ㉡
③ ㉢   ④ ㉣
⑤ ㉤

20문항/25분

1. 다음과 같은 규칙으로 자연수를 차례로 나열할 때, 27이 몇 번째에 처음 나오는가?

| 1, 3, 3, 3, 5, 5, 5, 5, · · · |

① 163   ② 168
③ 170   ④ 173

2. 다음과 같은 규칙으로 자연수를 차례로 나열할 때, 57이 몇 번째에 처음 나오는가?

| 6, 6, 9, 9, 9, 15, 15, 15, 15, 15, · · · |

① 48   ② 52
③ 56   ④ 59

3. 다음 주어진 수를 통해 규칙을 찾아내어 빈칸에 들어갈 알맞은 숫자를 고르시오.

| 4 5 9 18 34 59 ( ) |

① 85   ② 89
③ 95   ④ 97

4. 현수는 집에서 약 5 km 떨어진 은행에 가려고 한다. 현수가 오후 4시에 집을 출발하여 자전거를 타고 시속 12 km로 가다가 도중에 자전거가 고장 나서 시속 8 km로 뛰어갔더니 오후 4시 30분에 도착하였다. 현수가 자전거를 타고 간 거리는 얼마인가?

① 4 km   ② 3 km
③ 2 km   ④ 1 km

5. 어떤 일을 완성하는데 강 과장은 15일 오 사원은 24일이 걸린다. 어떤 일을 강 과장이 5일 동안 한 후에 나머지를 오 사원이 일을 하여 완성한다면 일을 마치는데 소요되는 총 일수는 며칠일까?

① 18일   ② 19일
③ 20일   ④ 21일

6. 다음은 A~E사의 연간 신상품 출시 건수에 대한 자료이다. 조사 기간 동안 출시 건수가 가장 많은 회사와 세 번째로 많은 회사의 2018년 대비 2019년의 증감률을 차례대로 바르게 적은 것은?

	A사	B사	C사	D사	E사
2016	23	79	44	27	20
2017	47	82	45	30	19
2018	72	121	61	37	19
2019	127	118	80	49	20

① 2.48%, 31.15%   ② −2.38%, 30.15%
③ −2.48%, 31.15%   ④ 2.38%, 30.15%

7. 다음은 학생들의 SNS((Social Network Service) 계정 소유 여부를 나타낸 표이다. 이에 대한 설명으로 옳은 것은?

(단위 : %)

구분		소유함	소유하지 않음	합계
성별	남학생	49.1	50.9	100
	여학생	71.1	28.9	100
학교급별	초등학생	44.3	55.7	100
	중학생	64.9	35.1	100
	고등학생	70.7	29.3	100

ㄱ SNS 계정을 소유한 학생은 여학생이 남학생보다 많다.
ㄴ 상급 학교 학생일수록 SNS 계정을 소유한 비율이 높다.
ㄷ 조사 대상 중 고등학교 여학생의 SNS 계정 소유 비율이 가장 높다.
ㄹ 초등학생의 경우 중·고등학생과 달리 SNS 계정을 소유한 학생이 그렇지 않은 학생보다 적다.

① ㄱㄴ   ② ㄱㄷ
③ ㄴㄷ   ④ ㄴㄹ

8. 다음은 우리나라의 주택 수와 주택 보급률 변화를 나타낸 표이다. 표에 대한 분석으로 적절하지 못한 것은?

구분 \ 연도	1985	1995	2005	2015
주택 수(천 호)	4,360	5,319	7,357	11,472
주택 보급률(%) 전국	78.2	72.7	72.4	96.2
주택 보급률(%) 도시	58.8	56.6	61.1	87.8

※ 주택 보급률 = 주택 수/주택 소요 가구 수

① 도시보다 농촌 주택의 가격 상승 가능성이 더 크다.
② 농어촌보다는 도시 지역의 주택난이 더욱 심각하다.
③ 장기적으로 주택의 공급량은 지속적으로 증가해 왔다.
④ 전반적으로 볼 때, 주택 수요에 비해 공급이 부족하다.

9. 다음은 혼인에 대한 의식 조사 결과를 나타낸 표이다. 이에 대한 설명으로 옳은 것은?

(단위 : %)

구분		혼인을 해야 하는가?		
		그렇다	아니다	개인의 선택에 맡겨야 한다
성별	남	52.2	32.1	21.4
성별	여	47.8	67.9	78.6
계		100	100	100

구분		혼인을 해야 하는가?			계
		그렇다	아니다	개인의 선택에 맡겨야 한다	
연령대별	20대	38.1	24.0	37.9	100
연령대별	30대	41.4	22.0	36.6	100
연령대별	40대	45.5	12.7	41.8	100
연령대별	50대	54.8	11.9	33.3	100
연령대별	60대 이상	61.8	9.2	29.0	100

① 남자 중 과반수가 혼인을 해야 한다고 생각한다.
② 20대 여자가 혼인에 대해 가장 부정적으로 본다.
③ 연령대가 낮을수록 혼인을 선택으로 보는 사람의 비율이 높다.
④ '아니다'에 응답한 사람을 제외하면 혼인을 해야 한다고 보는 사람이 과반수이다.

10. 다음은 주요국가별 국민총소득에 관한 자료이다. 이에 대한 설명으로 옳은 것은?

(단위 : 억 달러)

국가 \ 연도	한국	일본	미국	캐나다	영국	프랑스	독일	호주	대만	싱가포르
2013	1,315	5,329	17,074	1,814	2,703	2,848	3,842	1,528	526	293
2014	1,415	5,024	17,899	1,764	2,960	2,877	3,966	1,421	546	300
2015	1,386	4,549	18,496	1,529	2,822	2,458	3,437	1,317	543	284
2016	1,412	5,106	18,750	1,509	2,588	2,520	3,524	1,184	547	287
2017	1,530	5,049	19,608	1,631	2,580	2,639	3,753	1,288	588	312

※ 단, 계산 값은 소수점 둘째 자리에서 반올림하시오.

① 대만은 매년 국민총소득이 증가했다.
② 2017년 10개 국가의 국민총소득을 합한 값에서 미국의 국민총소득이 차지하는 비중은 50%를 넘는다.
③ 2017년 전년대비 국민총소득의 증가율이 가장 높은 국가는 싱가포르이다.
④ 매년 미국의 국민총소득은 캐나다의 국민총소득의 10배 이상이다.

11. 다음의 설문에 대한 응답 결과를 통해 추론할 수 있는 내용으로 가장 타당한 것은?

> • 소득이 감소한다면, 소비 지출을 줄이겠습니까?
> • 소비 지출을 줄인다면, 어떤 부분부터 줄이겠습니까?

(단위 : %)

구분		지출 줄임						줄일 수 없음
		음식료비	외식비	주거 관련비	문화여가비	사교육비	기타	
지역	도시	5.8	20.5	15.7	7.1	4.6	26.7	19.6
	농촌	8.6	12.0	18.5	4.9	3.2	18.8	34.0
학력	중졸 이하	9.9	10.4	24.9	4.2	2.1	11.9	36.6
	고졸	5.4	20.2	15.1	7.2	4.8	30.8	16.5
	대졸 이상	4.9	25.9	7.6	8.1	3.5	37.0	13.0

① 도시 지역과 농촌 지역의 소비 행태는 거의 비슷하다.

② 도시 가구는 소득이 감소하면 주거 관련 비를 가장 많이 줄인다.

③ 학력이 낮을수록 소득이 감소하면 소비 지출을 더 줄이려는 경향이 있다.

④ 학력 수준에 관계없이 소득 감소가 사교육비에 미치는 영향은 가장 적다.

12. 다음 표는 4개 고등학교의 대학진학 희망자의 학과별 비율(상단)과 그 중 희망대로 진학한 학생의 비율(하단)을 나타낸 것이다. 이 표를 보고 추론한 내용으로 올바른 것은?

고등학교	국문학과	경제학과	법학과	기타	진학 희망자수
A	(60%) 20%	(10%) 10%	(20%) 30%	(10%) 40%	700명
B	(50%) 10%	(20%) 30%	(40%) 30%	(20%) 30%	500명
C	(20%) 35%	(50%) 40%	(40%) 15%	(60%) 10%	300명
D	(5%) 30%	(25%) 25%	(80%) 20%	(30%) 20%	400명

> ㉠ B고와 D고 중에서 경제학과에 합격한 학생은 D고가 많다.
> ㉡ A고에서 법학과에 합격한 학생은 40명보다 많고, C고에서 국문학과에 합격한 학생은 20명 보다 적다.
> ㉢ 국문학과에 진학한 학생들이 많은 순서대로 세우면 A고→B고→C고→D고 순서가 나온다.

① ㉠   ② ㉡

③ ㉢   ④ ㉠㉡

13. 다음 자료는 연도별 자동차사고 발생 상황을 정리한 것이다. 다음의 자료로부터 추론하기 어려운 내용은?

연도 \ 구분	발생건수 (건)	사망자 수	10만 명당 사망자 수	차 1만 대당 사망자 수	부상자 수
2008	246,452	11,603	24.7	11	363,159
2009	239,721	9,057	19.3	9	340,564
2010	275,938	9,353	19.8	8	402,967
2011	290,481	10,236	21.3	7	426,984
2012	260,579	8,097	16.9	6	396,539

① 연도별 자동차 수의 변화

② 운전자 1만 명당 사고 발생건수

③ 자동차 1만 대당 사고율

④ 자동차 1만 대당 부상자 수

14. 어느 인기 그룹의 공연을 준비하고 있는 기획사는 다음과 같은 조건으로 총 1,500장의 티켓을 판매하려고 한다. 티켓 1,500장을 모두 판매한 금액이 6,000만 원이 되도록 하기 위해 판매해야 할 S석 티켓의 수를 구하면?

> (가) 티켓의 종류는 R석, S석, A석 세 가지이다.
> (나) R석, S석, A석 티켓의 가격은 각각 10만 원, 5만 원, 2만 원이고, A석 티켓의 수는 R석과 S석 티켓의 수의 합과 같다.

① 450장 ② 600장

③ 750장 ④ 900장

15. 다음 표는 배움 고등학교 학생들의 학교에서 집까지의 거리를 조사한 결과이다. ㉠㉡㉢㉣㉤에 들어갈 수로 옳은 것은? (조사결과는 학교에서 집까지의 거리가 1km 미만인 사람과 1km 이상인 사람으로 나눠서 표시된 것임)

구분	1km 미만	1km 이상	합계
남학생	[㉠](㉡ %)	168 (㉢ %)	240(100%)
여학생	[㉣](36%)	[㉤](64%)	200(100%)

① ㉠ : 72 ㉡ : 30 ㉢ : 70 ㉣ : 70 ㉤ : 128

② ㉠ : 72 ㉡ : 30 ㉢ : 70 ㉣ : 72 ㉤ : 128

③ ㉠ : 72 ㉡ : 30 ㉢ : 72 ㉣ : 70 ㉤ : 128

④ ㉠ : 70 ㉡ : 30 ㉢ : 72 ㉣ : 70 ㉤ : 128

[16~17] 다음은 제품 A, B, C의 가격, 전기료 및 관리비를 나타낸 표이다. 물음에 답하시오.

분류	가격	월 전기료	월 관리비
A 제품	280만 원	4만 원	1만 원
B 제품	260만 원	4만 원	2만 원
C 제품	240만 원	3만 원	2만 원

16. 제품 구입 후 1년을 사용했다고 가정했을 경우 총 지불액이 가장 높은 제품은? (단, 총 지불액에는 제품의 가격을 포함하여 계산할 것)

① A ② B

③ C ④ 모두 같다

17. 월 관리비와 전기료가 가장 저렴한 제품을 구입하고자 할 경우 구입 후 3년 동안 지출한 금액이 가장 높은 제품은?

① A ② B

③ C ④ 모두 같다

18. 甲시 유료 도로에 대한 자료이다. 산업용 도로 3km의 건설비는 얼마가 되는가?

분류	도로수	총길이	건설비
관광용 도로	5	30km	30억
산업용 도로	7	55km	300억
산업관광용 도로	9	198km	400억
합계	21	283km	300억

① 약 5.5억 원 ② 약 11억 원

③ 약 16.5억 원 ④ 약 22억 원

19. 민식이는 1부터 5까지 각각 적힌 5장의 카드를 가지고 있다. 민식이가 이 중에서 두 장을 뽑아 두 자리의 정수를 만들 때, 십의 자리의 숫자와 일의 자리의 숫자가 모두 홀수일 확률은?

① $\dfrac{3}{5}$ ② $\dfrac{4}{7}$

③ $\dfrac{1}{8}$ ④ $\dfrac{3}{10}$

20. A 항구에서 60 km 운행하여 B 항구로 가는 모든 여객선의 속력은 a (km/시)로 일정하다. 오전 10시에 A 항구를 출발한 어떤 여객선이 40 km를 운행한 C 지점에서 기관에 이상이 생겨 그 때부터 10 km/시를 감속하여 일정한 속력으로 B 항구까지 운행하였더니, 같은 날 오전 11시에 A 항구를 출발한 다른 여객선과 동시에 B 항구에 도착하였다. 이 때, a 의 값은 얼마인가?

① 10 ② 20

③ 30 ④ 40

육군부사관

지적능력평가 모의고사

제 3 회	영 역	공간능력, 지각속도, 언어논리, 자료해석
	문항수	93문항
	시 간	80분

SEOWONGAK
(주)서원각

제3회 지적능력평가

>> 공간능력

18문항/10분

┃1~4┃ 다음 입체도형의 전개도로 알맞은 것을 고르시오.

- 입체도형을 전개하여 전개도를 만들 때, 전개도에 표시된 그림(예 : ▮▮, ◢, ▬ 등)은 회전의 효과를 반영함. 즉, 본 문제의 풀이과정에서 보기의 전개도 상에 표시된 ▮▮과 ▬는 서로 다른 것으로 취급함.

- 단, 기호 및 문자(예 : ♤, ☎, ♨, K, H)의 회전에 의한 효과는 본 문제의 풀이과정에 반영하지 않음. 즉, 입체도형을 펼쳐 전개도를 만들었을 때 ⟰의 방향으로 나타나는 기호 및 문자도 보기에서는 ☎방향으로 표시하며 동일한 것으로 취급함.

1.

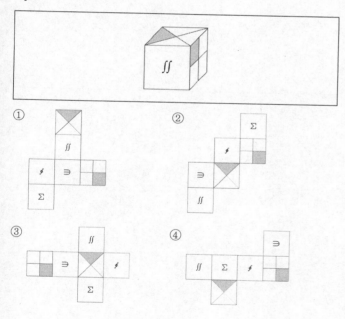

2.

3.

4.

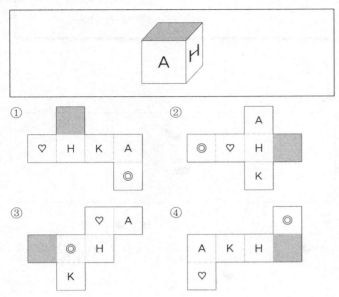

① ② ③ ④

│5~9│ 다음 전개도로 만든 입체도형에 해당하는 것을 고르시오.

- 전개도를 접을 때 전개도 상의 그림, 기호, 문자가 입체도형 의 겉면에 표시되는 방향으로 접음.
- 전개도를 접어 입체도형을 만들 때, 전개도에 표시된 그림 (예 : ▮, ◪, ▮ 등)은 회전의 효과를 반영함. 즉, 본 문제 의 풀이과정에서 보기의 전개도 상에 표시된 ▮과 ▬는 서 로 다른 것으로 취급함.
- 단, 기호 및 문자(예 : ☃, ☎, ♨, K, H)의 회전에 의한 효 과는 본 문제의 풀이과정에 반영하지 않음. 즉, 전개도를 접 어 입체도형을 만들었을 때 [기호]의 방향으로 나타나는 기호 및 문자도 보기에서는 ☎ 방향으로 표시하며 동일한 것으로 취급함.

5.

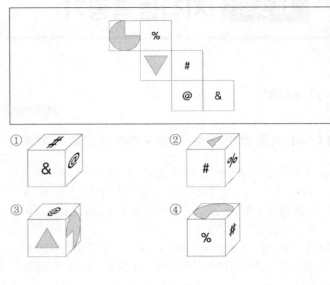

① ② ③ ④

6.

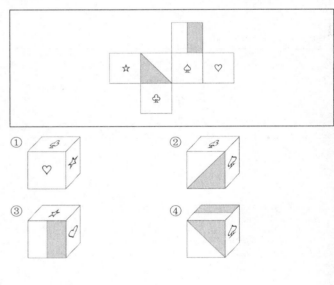

① ② ③ ④

2

7.

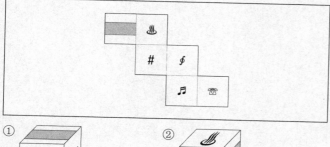

①

②

③

④

8.

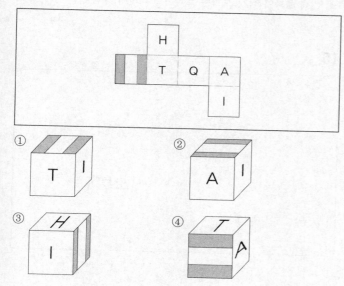

9.

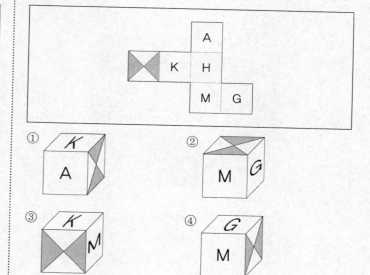

┃10~14┃ 다음 아래에 제시된 그림과 같이 쌓기 위해 필요한 블록의 수를 고르시오. (단, 블록은 모양과 크기는 모두 동일한 정육면체이다)

10.

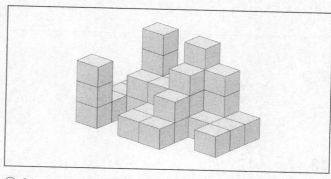

① 34

② 35

③ 36

④ 37

11.

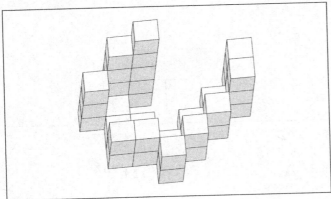

① 31

② 32

③ 33

④ 34

12.

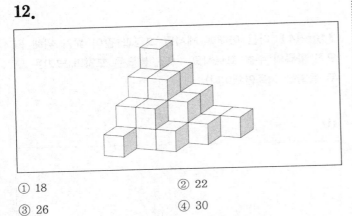

① 18

② 22

③ 26

④ 30

13.

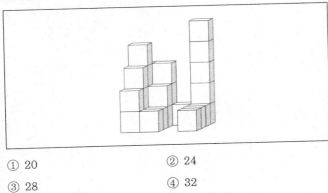

① 20

② 24

③ 28

④ 32

14.

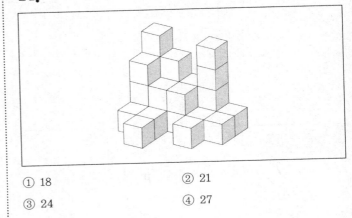

① 18

② 21

③ 24

④ 27

┃15~18┃ 아래에 제시된 블록들을 화살표 표시한 방향에서 바라봤을 때의 모양으로 알맞은 것을 고르시오.

- 블록은 모양과 크기는 모두 동일한 정육면체임
- 바라보는 시선의 방향은 블록의 면과 수직을 이루며 원근에 의해 블록이 작게 보이는 효과는 고려하지 않음

15.

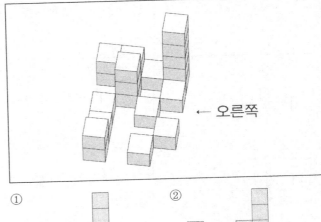

← 오른쪽

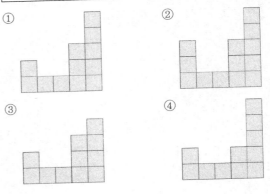

①

②

③

④

16.

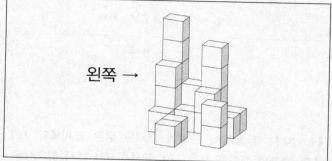

①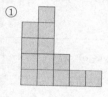
②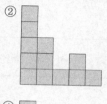
③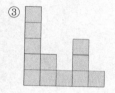
④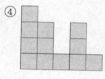

17.

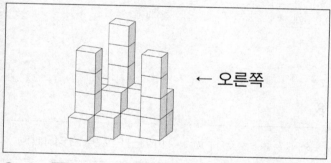

①
②
③
④

18.

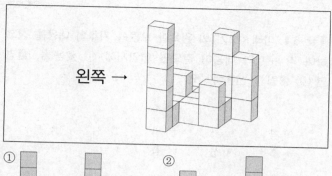

①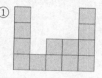
②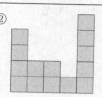
③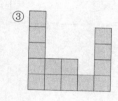
④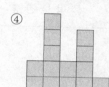

30문항/3분

┃1~5┃ 아래 〈보기〉의 왼쪽과 오른쪽 기호의 대응을 참고하여 각 문제의 대응이 같으면 답안지에 '① 맞음'을, 틀리면 '② 틀림'을 선택하시오.

〈보기〉

| ♩=강 | ♪=강 | ♯=람 | ♫=산 | ♬=들 |
| ◅=숲 | ▷=성 | ◄=풀 | ▻=해 | ▹=달 |

1.

풀 바 들 강 숲 – ◄♭♫♩◅

① 맞음　　　　　② 틀림

2.

산 람 성 달 바 – ♫♯▷▹♭

① 맞음　　　　　② 틀림

3.

달 바람 성 – ▹♭♯▷

① 맞음　　　　　② 틀림

4.

해 강 들 산 숲 = ▻♩♫♬◅

① 맞음　　　　　② 틀림

5.

산 들 바 풀 달 – ♫♬♭◄▹

① 맞음　　　　　② 틀림

┃6~10┃ 각 문제의 왼쪽에 표시된 굵은 글씨체의 기호, 문자, 숫자의 개수를 모두 세어 오른쪽 개수에서 찾으시오.

6.

ㄱ　강나루 건너서 밀밭 길을 구름에 달 가듯이 가는 나그네

① 6개　　　　　② 5개
③ 4개　　　　　④ 3개

7.

h　tell you the truths sometimes we laugh and easily lie

① 1개　　　　　② 2개
③ 3개　　　　　④ 4개

8.

夕　夂匕夂夕勹子又厂小夕니夂匕丿夂刀二人厂丿匚力

① 1개　　　　　② 2개
③ 3개　　　　　④ 4개

9.

✽　✼❁✾❀✽✽✽✽✽✽✿✽✽✽✽✽

① 1개　　　　　② 2개
③ 3개　　　　　④ 4개

10.

♠	♛♜♙♕♖♥♝♜♞♡◇♙♕♙♟♦♗♙♥♠♙

① 1개　　　　　② 2개
③ 3개　　　　　④ 4개

15.

◈ ♙ ★ £ ₩ ◇ － 13 7 18 10 19 16

① 맞음　　　　　② 틀림

[11~15] 다음 〈보기〉에 주어진 기호와 숫자의 대응을 참고하여 각 문제의 대응이 같으면 답안지에 '① 맞음'을, 틀리면 '② 틀림'을 선택하시오.

〈보기〉

◇	◆	♙	♀	☆	★	℃	Å	£	¥	₩	▼	□	■	◈	♥	♣	♙	♨
16	17	2	11	1	18	15	3	9	10	19	6	5	20	12	13	4	7	8	14

[16~20] 다음 〈보기〉에 주어진 기호와 문자의 대응을 참고하여 각 문제의 대응이 같으면 답안지에 '① 맞음'을, 틀리면 '② 틀림'을 선택하시오.

〈보기〉

♪	♫	#	♭	♮	♬	♪	♙	♛	♖	♞	♟	♘	♜	☀	🚂	☂	👜	♂
ㄴ	ㅊ	ㄷ	ㅈ	ㄱ	ㅍ	ㅎ	ㅌ	ㅡ	ㄹ	ㅇ	ㅠ	ㅁ	ㅅ	ㅣ	ㅂ	ㅏ	ㅓ	ㅋ	ㄴ

11.

℃ ▼ ◈ ♣ ◆ － 15 6 13 7 17

① 맞음　　　　　② 틀림

16.

♭ ♛ ♖ ♙ # － ㅈ ㅡ ㅅ ㅋ ㄷ

① 맞음　　　　　② 틀림

12.

£ ♥ ♙ Å ₩ － 9 4 2 3 19

① 맞음　　　　　② 틀림

17.

♛ 🚂 ♫ ♂ ♭ － ㅁ ㅏ ㅊ ㅋ ㅈ

① 맞음　　　　　② 틀림

13.

▼ ■ ☆ ¥ ♨ － 5 12 1 10 14

① 맞음　　　　　② 틀림

18.

♫ ♙ ♘ ♪ ♪ ♬ － ㅊ ㅜ ㅋ ㅗ ㅇ ㅍ

맞음　　　　　② 틀림

14.

□ ◈ ♙ ♀ ℃ ▼ － 20 13 8 2 15 6

① 맞음　　　　　② 틀림

19.

♮ ♪ ☀ ♛ ♙ ♟ － ㄱ ㅎ ㅂ ㅡ ㅓ ㅇ

① 맞음　　　　　② 틀림

20.

☆♪♫☂ b ✿ ♂ – ㅌ ㅣ ㅊ ㅓ ㅈ ㄹ ㄴ

① 맞음 　　　　　 ② 틀림

┃21~25┃ 아래 〈보기〉의 왼쪽과 오른쪽 기호의 대응을 참고하여 각 문제의 대응이 같으면 답안지에 '① 맞음'을, 틀리면 '② 틀림'을 선택하시오.

〈보기〉

| i = 고 | j = 라 | k = 의 | m = 컵 | n = 다 |
| o = 설 | p = 숙 | q = 전 | r = 착 | s = 연 |

21.

k n s j i – 의 다 연 라 고

① 맞음 　　　　　 ② 틀림

22.

q o m j r – 전 설 컵 라 착

① 맞음 　　　　　 ② 틀림

23.

j p s n q – 라 숙 연 다 전

① 맞음 　　　　　 ② 틀림

24.

r o k s n j – 착 설 의 연 다 고

① 맞음 　　　　　 ② 틀림

25.

s k i n q m – 연 의 고 다 숙 컵

① 맞음 　　　　　 ② 틀림

┃26~30┃ 다음 각 문제의 왼쪽에 표시된 굵은 글씨체의 기호, 문자, 숫자의 갯수를 모두 세어 오른쪽 개수에서 찾으시오.

26.

7 　　　 51972734843875168172549175 9719

① 2개 　　　　　 ② 4개
③ 6개 　　　　　 ④ 8개

27.

ㅇ 　　　 이 광야에서 목 놓아 부르게 하리라

① 1개 　　　　　 ② 3개
③ 5개 　　　　　 ④ 7개

28.

ㄹ 　　　 이 마을 전설이 주저리주저리 열리고

① 2개 　　　　　 ② 4개
③ 6개 　　　　　 ④ 8개

29.

∧ 　　　 ∨ Ⴈ ∈ ⊂ ⊃ ∧ ∩ ∬ ∨ ∧ ⊂ ∬ ∪ ∀ Ⴈ ⊂ ⊇ Σ ∧ Ⴈ

① 1개 　　　　　 ② 2개
③ 3개 　　　　　 ④ 4개

30.

m	
	I must finish it by tomorrow no matter what

① 1개 ② 2개
③ 3개 ④ 4개

▮1~5▮ 다음 중 아래의 밑줄 친 ㉠과 같은 의미로 사용된 것을 고르시오.

1.

> 신장에 산소 공급이 감소하면 신장에서 혈액으로 에리트로포이어틴을 분비하고 이 호르몬이 골수의 조혈을 촉진한다. 에리트로포이어틴은 적혈구가 성숙, 분화하도록 하여 혈액에 적혈구 수를 ㉠늘려서 조직에 충분한 양의 산소가 공급되도록 한다. 신장에 산소 공급이 충분히 이루어지면 에리트로포이어틴의 분비도 중단된다.

① 甲의 의견을 지지하는 세력이 늘어나자 그들에게 대항하는 목소리는 줄어들었다.
② 매일 한 시간씩 수영을 하더니 실력이 늘어 혼자서도 잘했다.
③ 시험시간은 늘어났으나 문제는 어려워졌다.
④ 그는 대회 출전을 앞두고 체중을 15kg을 늘리기 위해 노력하는 중이다.
⑤ 침대만 덜렁있던 방에 제법 살림이 늘었다.

2.

> 바이러스의 종류에 따라 캡시드 외부가 지질을 주성분으로 하는 피막으로 덮인 경우도 있다. 한편 진균과 일부 세균은 다른 병원체에 비해 건조, 열, 화학 물질에 저항성이 강한 포자를 ㉠만든다.

① 나는 그가 만든 노래를 들을 때마다 기분이 울적해졌다.
② 어머니는 다리를 절면서도 제사 음식을 만들고 집안을 정리했다.
③ 동거 규칙을 만들어봤자 지키는 사람만 지킬 뿐이었다.
④ 그가 가만히 있는 것을 불편해하자 설거지거리를 만들어주었다.
⑤ 대뜸 말하기보다는 기회를 만드는 것이 좋겠다.

3.

행정입법의 유형에는 위임명령, 행정규칙, 조례 등이 있다. 헌법에 ㉠따르면, 국회는 행정 규제 사항에 관한 법률을 제정할 때 특정한 내용에 관한 입법을 행정부에 위임할 수 있다.

① 소녀는 어릴 적부터 잘 <u>따르던</u> 옆집 오빠를 좋아하고 있었다.

② 그의 수영 실력은 세계의 어떤 선수도 <u>따를</u> 자가 없다.

③ 유족들의 뜻에 <u>따라</u> 고인의 부검은 진행하지 않는다.

④ 지속적인 개발에 <u>따른</u> 쓰레기 문제는 사회의 골칫거리가 되었다.

⑤ 유나는 아버지의 뜻에 <u>따라</u> 하버드에 진학했지만 졸업하지는 못했다.

4.

그를 우연히 ㉠<u>만난</u> 것은 그가 상처하고 나서도 이삼 년 후 엉뚱하게 정신대 할머니를 돕기 위한 모임에서였다. 뜻밖이었지만, 생전의 그의 아내로부터 귀에 못이 박히게 주입된 선입관이 있는지라 그가 그 모임에 나타난 것도 곱단이하고 연결지어서 생각되는 걸 어쩔 수가 없었다. 모임이 끝난 후 그가 보이지 않자 나는 마치 범인을 뒤쫓듯이 허겁지겁 행사장을 빠져 나와 저만치 어깨를 축 늘어뜨리고 걸어가는 그를 불러 세웠다. 그리고 다짜고짜 따지듯이 재취 장가를 들었느냐고 물었다. 그는 아니라고 말하고 나서 앞으로도 할 생각이 없다고, 묻지도 않은 말까지 덧붙이는 것이었다.

① 수평선과 하늘이 <u>만나는</u> 지점이 어디인줄 아니?

② 방황하던 시절에, 나는 지금의 나를 있게 해 준 자그마한 책자와 <u>만나게</u> 되었다.

③ 사람들은 재앙을 <u>만나</u> 끝없는 고뇌로 신음할 때에 관세음의 큰 지혜는 훌륭하게 세상의 괴로움에서 구제해 낸다.

④ 길에서 우연히 대학 선배를 <u>만났다</u>.

⑤ 능숙한 선장은 폭풍을 <u>만났을</u> 때에 폭풍에 반항하지 않으며 절망하지도 않는다.

5.

산의 품평회를 ㉠<u>연다면</u>, 여기서 더 호화로울 수 있을까? 문자 그대로 무궁무진이다. 장안사 맞은편 산에 울울창창 우거진 것은 모두 잣나무뿐인데, 모두 이등변삼각형으로 가지를 늘어뜨리고 섰는 품이, 한 그루 한 그루의 나무가 흡사히 괴어 놓은 차례탑 같다. 부처님은 예불상만으로는 미흡해서, 이렇게 자연의 진수성찬을 베풀어 놓은 것일까?

① 나는 만약을 위해 한 번 더 약병의 뚜껑을 <u>열고</u> 수건을 대어 흔들었다.

② 그 회사는 개혁안 확정을 위한 이사회를 다시 <u>열기로</u> 했으나 구체적인 회의 소집 날짜는 정하지 못했다.

③ 아직 교육의 혜택을 제대로 받지 못한 오지에 학교를 <u>열었다</u>.

④ 우리는 각 방면에 걸친 발전을 이룩하여 민주와 번영의 새 시대를 <u>열어야</u> 할 과제를 안고 있다.

⑤ 자기가 하는 일에 마음을 <u>열어야</u> 그 일을 통해 진정한 보람을 느낄 수 있다.

6. 다음 내용에 어울리는 한자성어로 가장 적절한 것은?

옛것을 본받는 사람은 자취에 얽매이는 것이 문제다. 새것을 만드는 사람은 이치에 합당치 않은 것이 걱정이다. 진실로 능히 옛것을 본받으면서 변화할 줄 알고, 새것을 만들면서 법도에 맞을 수만 있다면 지금 글도 옛글만큼 훌륭하게 쓸 수 있을 것이다.

① 전전반측(輾轉反側)

② 온고지신(溫故知新)

③ 낭중지추(囊中之錐)

④ 후안무치(厚顔無恥)

⑤ 구곡간장(九曲肝腸)

7. 다음과 같은 표현상의 오류를 범한 것은?

> 내가 그를 만난 것은 결코 우연한 일이었다.

① 이것은 나의 책이오, 저것은 그의 연필이다.
② 도서관에서 얼굴이 예쁜 그의 누나를 만났다.
③ 그는 길을 가다가 우연치 않게 하영이를 만났다.
④ 나는 휴가 때 할머니를 데리고 온천에 가기로 했다.
⑤ 그 사람은 외모는 몰라도 성격은 별로 변한 것 같다.

8. 다음 글을 통해 추론할 수 있는 내용이 아닌 것은?

> 가장 흔히 볼 수 있는 거미줄의 형태는 중심으로부터 방사형으로 뻗어 나가는 둥근 그물로, 짜임이 어찌나 완벽한지 곤충의 입장에서는 마치 빽빽하게 쳐 놓은 튼튼한 고기잡이 그물과 다름없다. 이 둥근 그물을 짜기 위해 거미는 먼저 두 물체 사이를 팽팽하게 이어주는 '다리실'을 만든다. 그다음 몇 가닥의 실을 뽑아내 별 모양으로 주변 사물들과 중심부를 연결한다. 두 번째 작업으로, 거미는 맨 위에 설치한 다리실에서부터 실을 뽑아내 거미줄의 가장자리 틀을 완성한다. 그런 후 중심과 가장자리 사이를 왔다갔다하며 세로줄을 친다. 세 번째 작업은 임시 가로줄을 치는 것이다. 이 가로줄은 거미가 돌아다닐 때 발판으로 쓰기 위한 것이기 때문에 점성이 없어 달라붙지 않고 튼튼하다. 나중에 거미줄을 완성하고 쓸모가 없어지면 다니면서 먹어 치웠다가 필요할 때 다시 뽑아내 재활용한다. 마지막으로 영구적이고 끈끈한 가로줄을 친다. 중심을 향해 가로줄을 친 후 다시 바깥쪽으로 꼼꼼히 치기도 하면서 끈끈하고 탄력 있는 사냥용 거미줄을 짠다. 거미는 돌아다닐 때 이 가로줄을 밟지 않으려고 각별히 조심한다고 한다. 거미의 발끝에 기름칠이 되어 있어 이 실에 달라붙지 않는다는 설도 있다. 이렇게 거미줄을 완성하면 거미는 가만히 앉아 먹잇감을 기다리기만 하면 된다. 거미줄을 완성하는 데 걸리는 시간은 한 시간 반이 안 되며 사용되는 실의 길이는 최대 30미터다.

① 거미줄은 방사형 형태가 가장 일방적이다.
② 거미는 자신의 다리에서 실을 뽑아낸다.
③ 거미는 돌아다닐 때 발판으로 사용할 수 있는 줄을 만들어 낸다.
④ 거미줄이 완성되면 거미는 가만히 먹잇감을 기다린다.
⑤ 거미는 거미줄을 만들기 위해 최대 30미터의 실을 생산한다.

9. 다음 글에서 휴대 전화에 대한 화자의 견해로 가장 적절한 것은?

> 휴대 전화는 공간과 시간의 제약을 넘어 나와 다른 사람을 연결하는 새로운 소통의 길을 사방으로 활짝 열어 주었다. 멀리 이사 간 친구가 문득 생각나면 바로 휴대 전화로 안부를 물을 수 있고, 집에 있지 않아도 가족들과 수시로 대화를 나눌 수 있다. 가족, 친구, 연인, 동료 등과 인간관계를 유지하고 개인과 개인의 소통을 증진시키는 데 휴대 전화가 유용하게 쓰이는 것이다. 이와 같이 휴대 전화가 멀고 낯선 세계를 글과 소리로 연결해 준다는 점에서 소통의 폭과 깊이를 더하는 기능을 한다고 볼 수 있다.

① 가족과 함께 지내는 삶의 소중함을 무디게 만든다.
② 타인과의 직접적인 대면을 피할 수 있도록 한다.
③ 타인과의 소통의 장을 만드는 긍정적인 기능을 한다.
④ 자신만의 시간을 형성하는 데 긍정적인 기능을 한다.
⑤ 공간의 제약을 뛰어 넘어 자신만의 세계를 구축할 수 있도록 한다.

10. 다음 글을 읽고 추론할 수 없는 내용은?

> 도예를 하고자 하는 사람은 도자기 제작 첫 단계로, 자신이 만들 도자기의 모양과 제작 과정을 먼저 구상해야 합니다. 그 다음에 흙을 준비하여 도자기 모양을 만듭니다.
> 오늘은 물레를 이용하여 자신이 원하는 도자기 모양을 만드는 방법에 대해 알아보겠습니다. 물레를 이용해서 작업할 때는 정신을 집중하고 자신의 생각을 도자기에 담기 위해 노력해야 할 것입니다. 또한 물레를 돌릴 때는 손과 발을 잘 이용해야 합니다. 손으로는 점토에 가하는 힘을 조절하고 발로는 물레의 회전 속도를 조절합니다. 물레 회전에 의한 원심력과 구심력을 잘 이용할 수 있을 때 자신이 원하는 도자기를 만들 수 있습니다. 처음에는 물레의 속도를 조절하지 못하거나 힘 조절이 안 되어서 도자기의 모양이 일그러질 수 있습니다. 그렇지만 어렵더라도 꾸준히 노력한다면 자신이 원하는 도자기 모양을 만들 수 있을 것입니다.
> 이렇게 해서 도자기를 빚은 다음에는 그늘에서 천천히 건조시켜야 합니다. 햇볕에서 급히 말리게 되면 갈라지거나 깨질 수 있기 때문입니다.

① 다른 사람의 충고를 받아들여 시행착오를 줄이도록 한다.
② 자신의 관심과 열정을 추구하는 목표에 집중하는 것이 필요하다.
③ 급하게 서두르다가는 일을 그르칠 수 있으므로 여유를 가져야 한다.
④ 중간에 실패하더라도 포기하지 말고 목표를 향해 꾸준하게 노력해야 한다.
⑤ 앞으로 이루려는 일의 내용이나 실현 방법 등에 대하여 미리 생각해야 한다.

지구의 자전축이 23.5° 기울어져 있기 때문에 북반구에서 해는 여름에 높이 뜨고 겨울에 낮게 뜬다. 땅 위에 서 있는 집을 기준으로 얘기하면 여름에는 햇빛이 수직에 가깝게 내리꽂히고 겨울에는 낮은 각도로 완만하게 비춘다. 한옥은 햇빛을 다스리기 위해 여름과 겨울의 햇빛이 처마와 만나 이루는 각도의 중간 지점에 창을 낸다. 여름에 귀찮은 햇빛을 물리치고 겨울에는 고마운 햇빛을 끌어들이기 위해서다.

햇빛을 조절하는 방법은 두 가지다. 하나는 지붕 처마를 적절히 돌출시키는 것이다. 이렇게 하면 여름에는 처마가 햇빛을 막아 튕겨 내고 겨울에는 햇빛을 통과시킨다. 다른 하나는 방의 깊이를 조절하는 방법이다. 특히 추운 겨울, 처마를 통과해 방 안으로 들어오는 햇빛의 양을 조절하기 위해 방을 깊지 않게 짓는다. 덕분에 햇빛이 방 끝까지 기분 좋게 들어오고, 난방과 소독에도 일조한다.

〈중략〉

한옥은 바람의 집이기도 하다. 한반도 여름에는 남동풍이, 겨울에는 북서풍이 분다. 우리 조상들은 바람이 절실히 필요한 여름을 위해 한옥에 남동 방향으로 바람길을 만들었다. 바람길은 시원하고 '통(通)' 크게 나 있다. 약간의 인색함도, 머뭇거림도 없이 집의 끝에서 끝까지 일직선으로 뚫려 있다.

바람보고 돌아가라거나 쉬어 가라거나 꺾어 가라거나 하는 따위의 실례를 범하는 법이 절대 없다. 또한 바람길은 하나가 아니다. 이쪽에서 바람길, 저쪽에서 바람길이다. x축과 y축이 이루는 십(十)자 구도를 기본으로 여러 개의 사선이 교차한다. 한옥의 바람길을 열어 주는 것은 창과 문이다. 한옥의 창문은 아무렇게나 난 것 같지만 사실 그렇지 않다. 창문만 선으로 연결하면 꼬치에 낀 산적처럼 한 줄로 늘어선다. 창의 위치가 모두 일직선으로 놓여있기 때문이다.

11. 윗글에 언급된 한옥에 대한 설명으로 적절하지 않은 것은?

① 햇빛이 대청과 만나는 지점에 창을 낸다.
② 겨울철 햇빛은 한옥의 난방과 소독에 일조한다.
③ 지붕 처마를 적절히 돌출시켜 햇빛을 조절한다.
④ 추운 겨울, 방 안으로 들어오는 햇빛의 양을 조절하기 위해 방을 깊지 않게 짓는다.
⑤ 한옥의 창문 위치는 일직선으로 놓여있다.

12. 윗글의 내용 전개 방식으로 가장 적절한 것은?

① 한옥과 양옥의 장단점을 비교하고 있다.
② 한옥의 발전 과정을 시간 순으로 나열하고 있다.
③ 지역에 따른 한옥의 크기를 예를 들어 제시하고 있다.
④ 햇빛과 바람을 고려한 한옥 구조의 원리를 분석하고 있다.
⑤ 재료에 의해 달라지는 한옥의 명칭을 소개한다.

전형필이 오세창을 만났을 때 전형필의 나이는 스무 살이었다. 오세창과는 무려 40년의 나이 차이가 났지만 둘은 세월을 뛰어넘은 우정을 나누었다. 두 사람의 만남을 지켜보며 자란 오세창의 막내아들 오일룡 씨는 당시 두 사람의 모습을 생생하게 기억하고 있다. "하루는 밤중에 자다가 눈을 떠 보니, 하얀 두루마기를 입은 청년과 아버지가 이야기를 나누고 계셨다. 자는 척하고 그 이야기를 들어 보니, 우리나라 고서화에 관한 것이었다."

이후 전형필은 오세창의 집을 드나들며 많은 작품들을 감상하고 공부하며, 우리 문화유산에 대한 안목을 키워 나갔다. 오세창은 전형필이 작품을 가져올 때마다 그 가치를 꼼꼼히 평가하고 정리한 글을 남겼다.

전형필은 오세창과의 만남을 통해 비로소 일제 강점하의 조선을 위해 자신이 해야 할 일이 무엇인지 깨닫는다. 훗날 사람들은 두 사람의 만남을 암울했던 시기에 하늘이 우리 민족에게 내린 복이라고 했다. 하지만 전형필이 우리 문화유산의 소중함을 자각하던 그 시기, 조선의 현실은 더없이 절망적이었다. 일제의 가혹한 민족 말살 정책으로 인해 조선의 역사, 문화, 제도 등 모든 것이 사라져 가고 있었으며, 전형필이 목격한 우리 문화유산의 처지 또한 암담했다.

우리의 문화유산이 철저히 파괴되고, 민족혼이 나락으로 떨어지던 일제 강점하의 절박한 현실 앞에서 전형필은 ㉠일생을 건 싸움을 시작한다. 그의 문화유산 수집은 민족의 정체성을 지키기 위한 독립 투쟁이었다. 문화유산을 통해 미술사를 연구하고, 미술사 연구를 통해서 우리 전통문화의 우수성을 후손들에게 알리려는 목적이 있었던 것이다.

13. 윗글에서 사용한 글쓰기 전략으로 옳은 것은?

① 관련 인물의 증언을 인용한다.
② 허구적인 시·공간을 설정한다.
③ 여정에 따라서 견문을 서술한다.
④ 갈등을 중심으로 사건을 전개한다.
⑤ 스스로 묻고 답하는 형식으로 글의 내용을 전개한다.

14. ㉠에 해당하는 것으로 옳은 것을 보기에서 모두 고르면?

〈보기〉
㉠ 우리 문화유산 수집
㉡ 문화유산을 통한 미술사 연구
㉢ 후손에게 전통문화의 우수성 전달
㉣ 외국의 문화재 보호

① ㉠㉡
② ㉡㉢
③ ㉢㉣
④ ㉠㉡㉢
⑤ ㉡㉢㉣

화석 연료에만 의존한 에너지 사용은 국가 간의 분쟁뿐 아니라 전 지구적인 기후 변화를 일으킨다. 지금 지구는 화석 연료로부터 배출된 온실 가스로 인한 온난화 현상으로 골치를 썩고 있으며 기상 이변도 해마다 늘어나 그 피해도 점점 커지고 있다. 따라서 수많은 문제를 일으키는 원인이 되며 머지않아 고갈될 것으로 추정되는 화석 연료를 계속해서 사용하는 것은 미래의 후손을 고려하지 않는 무책임한 행위이다. 무언가 화석 연료를 대신할 방안을 찾아야 한다. 원자력이 대안이 될 수는 없다. 위험할 뿐만 아니라 역시 언젠가는 고갈되기 때문이다. 현재 전 세계에는 430개 정도의 원자로가 있다. 이 것이 1,000개로 늘어나면 우라늄의 사용 연한은 이에 반비례해서 줄어든다. 그렇다면 고갈되지 않고 기후 변화도 일으키지 않으며 안전한 에너지 자원을 찾아야 하는데, 그것이 바로 태양열이나 바람과 같은 재생 가능 에너지원이다. 재생 가능 에너지는 대체 에너지와는 다르다. 어떤 에너지원을 대신하는 것으로 우라늄을 이용한다면, 우라늄이 대체 에너지원이 된다. 또 석유 대신 쓰레기를 태워서 에너지를 얻는다면 쓰레기가 대체 에너지원이 된다. 미국에서 북한에 원자력 발전소가 완공될 때까지 공급하겠다고 약속했던 중유도 우라늄을 대신한다는 의미에서는 대체 에너지원이라고 부른다. 그런데 우라늄이나 쓰레기는 쓰면 없어져 버리기 때문에 재생 가능한 것이 아니다. 이것들과 달리 재생 가능 에너지원은 사용해도 없어지지 않고 다시 생겨난다. 태양열은 태양이 존재하는 한 사라지지 않는다. 풍력도 지구상에서 바람이 부는 동안은 끊임없이 생겨난다. 이렇게 한 번 쓰면 없어지는 것이 아니라 언제까지든지 계속 쓸 수 있는 것을 '재생 가능 에너지원'이라고 한다. 재생 가능 에너지원은 고갈되지도 않지만 기후 변화도 일으키지 않는다. 태양열, 바람, 지열 같은 재생 가능 에너지원은 이산화탄소를 내놓지 않고, 따라서 기후 변화도 유발하지 않는다. 재생 가능 에너지원은 지구상에 골고루 존재한다. 태양에서 1년 동안 지구로 오는 태양열은 인류가 1년 간 사용하는 에너지의 1만 배가량이나 된다. 사하라 사막에는 1년에 1㎡ 당 약 2,100kWh(킬로와트시)의 햇빛이 내리쬐는데, 전 세계 인류가 1년 동안 사용하는 에너지는 사하라 사막 4만㎢에 비치는 햇빛이 담고 있는 태양 에너지와 같은 양이다. 우리가 이 에너지원의 10%만을 열이나 전기 에너지의 형태로 바꾸어 사용한다 해도, 인류 전체에 공급할 수 있는 에너지를 얻는 데 필요한 사하라 사막의 면적은 약 40만㎢가 된다. 즉, 재생 가능 에너지원은 충분히 존재한다. 재생 가능 에너지원을 이용할 수 있는 기술은 현재 아주 다양하게 개발되어 있다. 햇빛으로 전기를 만드는 태양광 발전 기술과 햇빛을 이용해서 난방열과 온수를 만드는 태양열 집열판 기술, 바람으로 전기를 만드는 풍력 발전 기술과 소수력 발전 기술은 이미 널리 사용되고 있다. 그리고 지열(地熱)과 바이오매스를 이용해서 전기와 난방열을 얻는 기술이 개발되어 퍼져 가고 있다. 화석 연료가 완전히 고갈되고 지구 온난화로 인한 기상 이변이 극심해지는 시점에는 에너지 전환이 완결되어야 한다. 그 시점은 앞으로 약 50년 후가 될 터인데, 그때까지 재생 가능 에너지 이용을 크게 늘리는 노력을 기울여야만 에너지 전환을 성공적으로 이룩할 수 있을 것이다.

15. 윗글을 통해 해결할 수 없는 질문은?

① 화석 연료와 원자력의 문제점은 무엇인가?

② 대체 에너지와 재생 가능 에너지의 차이점은 무엇인가?

③ 재생 가능 에너지는 현재 인류가 사용할 만큼 충분한가?

④ 미래 사회에서 예상되는 에너지 소비량은 어느 정도인가?

⑤ 재생 가능 에너지를 이용할 수 있는 기술은 개발되어 있는가?

16. 윗글을 읽은 후의 반응으로 적절하지 않은 것은?

① 후손을 위해 화석 연료 사용량을 줄여야 한다.

② 에너지 문제가 국가 간 분쟁의 원인이 되기도 한다.

③ 전 지구적 차원의 문제를 우리나라만의 문제인 것처럼 이야기하고 있다.

④ 에너지의 효율적인 사용을 통해 에너지 문제를 해결하려는 노력도 필요하다.

⑤ 무심하게 지나치던 자연 현상 중에서도 훌륭한 에너지 자원을 찾을 수 있다.

신문이나 잡지는 대부분 유료로 판매된다. 반면에 인터넷 뉴스 사이트는 신문이나 잡지의 기사와 같거나 비슷한 내용을 무료로 제공한다. 왜 이런 현상이 발생하는 것일까?

이 현상 속에는 경제학적 배경이 숨어 있다. 대체로 상품의 가격은 그 상품을 생산하는 데 드는 비용의 언저리에서 결정된다. 생산 비용이 많이 들면 들수록 상품의 가격이 상승하는 것이다. 그런데 인터넷에 게재되는 기사를 생산하는 데 드는 비용은 0에 가깝다. 기자가 컴퓨터로 작성한 기사를 신문사 편집실로 보내 종이 신문에 게재하고, 그 기사를 그대로 재활용하여 인터넷 뉴스 사이트에 올리기 때문이다. 또한 인터넷 뉴스 사이트 방문자 수가 증가하면 사이트에 걸어 놓은 광고에 대한 수입도 증가하게 된다. 이러한 이유로 신문사들은 경쟁적으로 인터넷 뉴스 사이트를 개설하여 무료로 운영했던 것이다.

그런데 무료 인터넷 뉴스 사이트를 이용하는 사람들이 폭발적으로 늘어나면서 돈을 지불하고 신문이나 잡지를 구독하는 사람들이 점점 줄어들기 시작했다. 그 결과 언론사들의 수익률이 감소하여 재정이 악화되었다. 문제는 여기서 그치지 않는다. 언론사들의 재정적 악화는 깊이 있고 정확한 뉴스를 생산하는 그들의 능력을 저하시키거나 사라지게 할 수도 있다. 결국 그로 인한 피해는 뉴스를 이용하는 소비자에게로 되돌아올 것이다.

그래서 언론사들, 특히 신문사들의 재정 악화 개선을 위해 인터넷 뉴스를 유료화해야 한다는 의견이 있다. 하지만 그러한 주장을 현실화하는 것은 그리 간단하지 않다. 소비자들은 어떤 상품을 구매할 때 그 상품의 가격이 얼마 정도면 구입할 것이고, 얼마 이상이면 구입하지 않겠다는 마음의 선을 긋는다. 이 선의 최대치가 바로 최대지불의사(willingness to pay)이다. 소비자들의 머릿속에 한 번 각인된 최대지불의사는 좀처럼 변하지 않는 특성이 있다. 인터넷 뉴스의 경우 오랫동안 소비자에게 무료로 제공되었고, 그러는 사이 인터넷 뉴스에 대한 소비자들의 최대지불의사도 0으로 굳어진 것이다. 그런데 이제 와서 무료로 이용하던 정보를 유료화한다면 소비자들은 여러 이유를 들어 불만을 토로할 것이다. 해외 신문 중 일부 경제 전문지는 이러한 문제를 성공적으로 해결했다. 그들은 매우 전문화되고 깊이 있는 기사를 작성하여 소비자에게 제공하는 대신 인터넷 뉴스 사이트를 유료화했다. 그럼에도 불구하고 많은 소비자들이 기꺼이 돈을 지불하고 이들 사이트의 기사를 이용하고 있다. 전문화되고 맞춤화된 뉴스일수록 유료화 잠재력이 높은 것이다. 이처럼 제대로 된 뉴스를 만드는 공급자와 제값을 내고 제대로 된 뉴스를 소비하는 수요자가 만나는 순간 문제 해결의 실마리를 찾을 수 있을 것이다.

17. 글쓴이의 견해에 바탕이 되는 경제관으로 적절하지 않은 것은?

① 경제적 이해관계는 사회 현상의 변화를 초래한다.

② 상품의 가격이 상승할수록 소비자의 수요가 증가한다.

③ 소비자들의 최대지불의사는 상품의 구매 결정과 밀접한 관련이 있다.

④ 일반적으로 상품의 가격은 상품 생산의 비용과 가까운 수준에서 결정된다.

⑤ 적정 수준의 상품 가격이 형성될 때, 소비자의 권익과 생산자의 이익이 보장된다.

18. 윗글을 읽은 독자들의 반응으로 적절하지 않은 것은?

① 정보를 이용할 때 정보의 가치에 상응하는 이용료를 지불하는 것은 당연한 거라고 생각한다.

② 현재 무료인 인터넷 뉴스 사이트를 유료화하려면 먼저 전문적이고 깊이 있는 기사를 제공해야만 한다.

③ 인터넷 뉴스가 광고를 통해 수익을 내는 경우도 있으니, 신문사의 재정을 악화시키는 것만은 아니다.

④ 인터넷 뉴스 사이트 유료화가 정확하고 공정한 기사를 양산하는 결과에 직결되는 것은 아니다.

⑤ 인터넷 뉴스만 보는 독자들의 행위가 질 나쁜 뉴스를 생산하게 만드는 근본적인 원인이니까, 종이 신문을 많이 구독해야 하겠다.

┃19~20┃ 다음 글을 읽고 물음에 답하시오.

세계의 여러 나라는 경제 성장이 국민 소득을 높여주고 물질적인 풍요를 가져다주는 것으로 보고, 이와 관련된 여러 지표를 바탕으로 국가를 경영하고 있다. 만일, 경제 성장으로 인해 우리의 소득이 증가하고 또 물질적인 풍요가 이루어진다면 우리는 행복한 생활을 누리게 되는 것일까? 이러한 의문을 처음 제기한 사람은 미국의 이스털린 교수이다. 그는 여러 국가를 대상으로 다년간의 조사를 실시하여 사람들이 느끼는 행복감을 지수화하였다. 그 결과 한 국가 내에서는 소득이 높은 사람이 낮은 사람에 비해 행복하다고 응답하는 편이었으나, 국가별 비교에서는 이와 다른 결과가 나타났다. 즉, 소득 수준이 높은 국가의 국민들이 느끼는 행복 지수와 소득 수준이 낮은 국가의 국민들이 느끼는 행복 지수가 거의 비슷하게 나온 것이다. 아울러 한 국가 내에서 가난했던 시기와 부유해진 이후의 행복감을 비교해도 행복감을 느끼는 사람의 비율이 별로 달라지지 않았다는 사실을 확인했다. 이처럼 최저의 생활수준만 벗어나 일정한 수준에 다다르면 경제 성장은 개인의 행복에 이바지하지 못하게 되는데, 이러한 현상을 가리켜 '이스털린의 역설'이라 부른다. 만일 행복이 경제력과 비례한다면 소득 수준이 높을수록 더 행복해져야 하고 또 국민 소득이 높을수록 사회 전체가 행복해져야 할 것이다. 그러나 이스털린의 조사에서 확인할 수 있듯이, 행복과 경제력은 비례하지 않는다. 즉, 사회 전체의 차원의 소득 수준이 높아진다고 해서 행복하게 느끼는 사람의 비율이 함께 증가하지 않는 것이다. 이스털린 이후에도 많은 학자들은 행복과 소득의 관련성에 관심을 갖고 왜 이러한 괴리 현상이 나타나는지 연구했다. 이들은 우선 사람들이 행복을 자신의 절대적인 수준이 아닌 다른 사람과 비교한 상대적인 수준에서 느끼는 것으로 보았다. 그리고 시간이 지나면서 늘어난 자신의 소득에 적응하게 되면 행복감이 이전보다 둔화된다고 보았다. 또 '인간 욕구 단계설'을 근거로 소득이 높아지면 의식주와 같은 기본 욕구보다 성취감과 같은 자아실현 욕구가 강해지므로 행복의 질이 달라진다고 해석했다. 이러한 연구 결과를 바탕으로 이들은 부유한 국가일수록 경제 성장보다는 분배 정책과 함께 자아실현의 기회를 늘려주는 정책을 펴야 한다고 주장하고 있다. 1인당 국민소득이 1만 달러에서 2만 달러로 올라간다고 해도 사람들이 그만큼 더 행복해진다고 말하기는 어렵다. 즉, 경제 성장이 사람들의 소득 수준을 전반적으로 향상시켜 경제적인 부유함을 더 누릴 수 있게 할 수는 있어도 행복감마저 그만큼 더 높여줄 수는 없는 것이다. 한 마디로 　　　　ⓐ

19. 위 글의 내용과 일치하지 않는 것은?

① 이스털린은 사람이 느끼는 행복감을 지수로 만들었다.

② 이스털린 이후에도 행복과 소득의 상관성에 대한 연구가 이루어졌다.

③ 이스털린의 국가별 비교 조사에서는 가난한 국가의 국민일수록 행복감이 높음을 보여주고 있다.

④ 이스털린과 같은 관점의 연구자는 부유한 국가일수록 분배 정책을 기본으로 삼아야 한다고 주장한다.

⑤ 이스털린은 한 국가 안에서 소득 수준이 서로 다른 두 시기의 행복감이 별다른 차이가 없다고 보았다.

20. 글의 흐름을 고려할 때, ⓐ에 들어갈 말로 가장 적절한 것은?

① 행복은 소득과 꼭 정비례하는 것은 아니다.

② 개인은 자아를 실현할 때 행복을 얻게 되는 것이다.

③ 국가가 국민의 행복감을 좌우할 수 있는 것은 아니다.

④ 개개인의 마음가짐이 행복을 결정한다고 말할 수 있다.

⑤ 행복은 성장보다 분배를 더 중시할 때 이루어질 수 있다.

21. 다음은 어떤 글을 쓰기 위한 자료들을 모아 놓은 것이다. 이들 자료를 바탕으로 쓸 수 있는 글의 주제는?

> ㉠ 소크라테스는 '악법도 법이다.'라는 말을 남기고 독이 든 술을 태연히 마셨다.
> ㉡ 도덕적으로는 명백하게 비난할 만한 행위일지라도, 법률에 규정되어 있지 않으면 처벌할 수 없다.
> ㉢ 개 같이 벌어서 정승같이 쓴다는 말도 있지만, 그렇다고 정당하지 않은 방법까지 써서 돈을 벌어도 좋다는 뜻은 아니다.
> ㉣ 주요섭의 '사랑방 손님과 어머니'라는 작품은, 서로 사랑하면서도 관습 때문에 헤어져야 하는 청년과 한 미망인에 대한 이야기이다.

① 신념과 행위의 일관성은 인간으로서 지켜야 할 마지막 덕목이다.

② 도덕성의 회복이야말로 현대 사회의 병리를 치유할 수 있는 최선의 방법이다.

③ 개인적 신념에 배치된다 할지라도, 사회 구성원이 합의한 규약은 지켜야 한다.

④ 현실이 부조리하다 하더라도, 그저 안주하거나 외면하지 말고 당당히 맞서야 한다.

⑤ 부정적인 세계관은 결코 현실을 개혁하지 못하므로 적극적·긍정적인 세계관의 확립이 필요하다.

22. 다음 속담의 공통적인 의미와 가장 거리가 먼 것은?

> • 부뚜막의 소금도 집어넣어야 짜다.
> • 구슬이 서 말이라도 꿰어야 보배이다.
> • 천 리 길도 한 걸음부터.

① 노력   ② 실천

③ 시행   ④ 인내

⑤ 착수

23. 다음 문장의 빈칸에 공통으로 들어갈 말은?

> • 술을 (   ).
> • 김장을 (   ).
> • 시냇물에 발을 (   ).

① 익히다   ② 거르다

③ 적시다   ④ 따르다

⑤ 담그다

24. 다음 설명에 해당하는 단어는?

> 고기나 생선, 채소 따위를 양념하여 국물이 거의 없게 바짝 끓이다.

① 달이다   ② 줄이다

③ 조리다   ④ 말리다

⑤ 졸이다

25. 다음 중 우리말이 맞춤법에 따라 올바르게 사용된 것은?

① 허위적허위적   ② 괴팍하다

③ 미류나무   ④ 케케묵다

⑤ 닐리리

1. 다음과 같은 규칙으로 자연수를 차례로 나열할 때, 43이 몇 번째에 처음 나오는가?

15, 19, 23, 23, 27, 27, · · ·

① 16

② 17

③ 18

④ 19

2. 다음과 같은 규칙으로 자연수를 차례로 나열할 때, 33이 몇 번째에 처음 나오는가?

15, 17, 17, 19, 19, 19, 21, 21, 21, 21 · · ·

① 40

② 42

③ 44

④ 46

3. 다음 주어진 수를 통해 규칙을 찾아내어 빈칸에 들어갈 알맞은 숫자를 고르시오.

2 6 18 16 20 60 58 62 186 (   )

① 182

② 184

③ 188

④ 190

4. A는 극장에서 친구를 만나기로 하였다. 집에서 극장까지 시속 4km로 거르면 약속시간보다 10분 늦게 도착하고, 시속 10km로 자전거를 타고 가면 약속시간보다 17분 일찍 도착할 때 집에서 극장까지의 거리는?

① 2km

② 3km

③ 4km

④ 5km

5. 14명의 직원이 점심 메뉴를 다음과 같이 하나씩 선택하였다.

돈까스	제육볶음	연어덮밥
3명	5명	6명

14명의 직원 중에서 임의로 뽑은 3명이 선택한 메뉴가 모두 같을 때, 그 메뉴가 돈까스이거나 연어덮밥일 확률은?

① $\frac{13}{31}$

② $\frac{15}{31}$

③ $\frac{17}{31}$

④ $\frac{11}{31}$

6. 다음은 지역별 방과후 학습 참여 인원을 조사한 자료이다. ⓐ~ⓓ까지 들어갈 수로 옳지 않은 것은?

지역별	참여	미참여	합계
A		556	2,256
B	797	361	ⓐ
C	ⓑ	433	1,637
D	986	399	1,385
E	1,451	ⓒ	2,081
F		ⓓ	607
합계	6,542	2,582	9,124

① ⓐ － 1,158

② ⓑ － 1,204

③ ⓒ － 630

④ ⓓ － 213

7. 다음 자료에 대하여 올바르게 분석한 것을 모두 고르면?

다음 표는 외국계 기업의 미국인과 일본인 직원의 현황 중 일부를 나타낸 것이다. 이 기업의 전체 직원수는 2,000명이며, 미국인과 일본인을 제외하면 모두 한국인이다.

단위 : %

구분	남성	여성	합계
미국인	25.0	25.0	25.0
일본인	12.5	25.0	20.0

국적별 남성(여성) 직원 비율(%)

$$= \frac{\text{국적별 남성(여성) 직원수}}{\text{남성(여성) 직원수}} \times 100$$

합계 비율(%) $= \dfrac{\text{국적별 직원수}}{\text{전체 직원수}} \times 100$

ⓐ 외국인보다 한국인 직원이 더 많다.
ⓑ 미국인 직원 중 남성이 차지하는 비율은 25%이다.
ⓒ 일본인 직원 중 여성은 남성 직원수의 3배이다.
ⓓ 미국인 남성 직원과 일본인 여성 직원의 수는 같다.

① ⓐⓑ   ② ⓐⓒ
③ ⓑⓒ   ④ ⓒⓓ

8. 서원각은 전일 온라인으로 주문받은 제품의 케이스와 전자 제품을 별개로 포장하여 택배로 배송하였다. 제품 케이스 하나의 무게는 1.8kg으로 택배 비용은 총 46,000원이고, 전자 제품은 무게가 개당 2.5kg으로 총 56,000원의 택배 비용이 들었다. 배송처는 서울과 지방에 산재해 있으며, 각 배송처로 전자 제품과 제품 케이스가 각각 하나씩 배송되었다. 이 제품이 배달된 배송처는 모두 몇 곳인가? (단, 각 배송처에는 제품과 제품 케이스가 하나씩 배달되었고 택배 요금은 다음 표와 같다)

구분	2kg 이하	4kg 이하	6kg 이하	8kg 이하
서울	4,000원	5,000원	7,000원	9,000원
지방	5,000원	6,000원	8,000원	11,000원

① 4곳   ② 8곳
③ 10곳   ④ 12곳

9. 코레일은 열차 노선별로 20~50% 할인한 특별승차권을 판매 중이다. 승차권 예매 후 구매 당일 반환하면 수수료가 무료이지만, 예매 다음날부터 열차 출발 1일 이전까지 20%, 당일 출발 시각 전까지 30%, 열차 출발 이후 70%의 취소, 반환수수료가 발생한다. 김 과장은 지방 출장을 위해 할인율이 40%인 특별 승차권을 예매하였다. 출장 당일 일정 취소로 열차 출발 시각 이전에 예매를 취소하였고, 김 과장이 반환금으로 돌려받은 금액은 14,700원이었다. 김 과장이 구매했던 승차권의 특별 할인 이전 금액은 얼마인가?

① 52,500원   ② 45,000원
③ 37,500원   ④ 35,000원

┃10~12┃ 다음을 보고 물음에 답하시오.

A 보험사가 담보하고 있는 K시의 소유형태별 택시사고 현황

구분		사고유무		
		무사고운행	사고운행	총 운행
소유형태	회사택시	920	80	1,000
	지입택시	470	30	500
	개인택시	290	10	300
	계	1,680	120	1,800

※ 1) 지입은 개인이 소유한 차량으로 회사명의로 운행되는 택시임.

2) 사고율 $= \dfrac{\text{사고운행}}{\text{총 운행}} \times 100$

3) 사고부담률 $= \dfrac{\text{소유형태별 사고율}}{\text{총 사고율}} \times 100$

10. 택시 형태별 사고율이 가장 높은 것과 가장 낮은 것을 순서대로 나열한 것은?

① 회사택시, 개인택시   ② 지입택시, 회사택시
③ 지입택시, 개인택시   ④ 개인택시, 회사택시

11. 회사택시의 사고부담률은 개인택시의 사고부담률의 몇 배인가?

① 2배 이하   ② 2.4배
③ 3.8배   ④ 4배 이상

12. 지입택시의 사고부담률은 얼마인가?

① 45%   ② 50%
③ 78%   ④ 91%

13. 자동차의 정지거리는 공주거리와 제동거리의 합이다. 공주거리는 공주시간 동안 진행한 거리이며, 공주시간은 주행 중 운전자가 전방의 위험상황을 발견하고 브레이크를 밟아서 실제 제동이 시작이 될 때까지 걸리는 시간이다. 자동차의 평균 제동 거리가 다음 표와 같을 때, 시속 72km로 달리는 자동차의 평균정지거리는 몇 m인가? (단, 공주시간은 1초로 가정한다.)

속도(km)	12	24	36	48	60	72
평균제동거리(m)	1	4	9	16	25	36

① 52
② 54
③ 56
④ 58

14. A, B, C, D 학급이 함께 본 모의고사의 수학과목 평균이 10점 만점에 6점으로 발표되었다. A, B, C 학급은 다음과 같이 학급 평균성적을 공개하였지만 D 학급은 평균점수를 공개하지 않았다. D 학급의 평균 점수는?

학급	A	B	C	D
평균	5.0	7.0	6.0	?
학생수	30	20	30	20

① 5.5
② 5.8
③ 6.2
④ 6.5

15. 다음은 어느 고등학교 학생 312명의 주요 통학수단과 통학시간을 조사한 표이다. 임의로 선택된 한 학생의 통학시간이 1시간 미만이거나 주요 통학수단이 버스일 확률은?

통학시간 \ 통학수단	지하철	버스	계
1시간 미만	78	47	125
1시간 이상	64	123	187
계	142	170	312

① $\dfrac{78}{125}$
② $\dfrac{78}{170}$
③ $\dfrac{170}{312}$
④ $\dfrac{248}{312}$

16. 다음은 세 골프 선수 갑, 을, 병의 9개 홀에 대한 경기결과를 나타낸 표이다. 이에 대한 설명으로 옳은 것을 모두 고른 것은?

홀번호	1	2	3	4	5	6	7	8	9	타수 합계
기준 타수	3	4	5	3	4	4	4	5	4	36
갑	0	x	0	0	0	0	x	0	0	34
을	x	0	0	0	y	0	0	y	0	( )
병	0	0	0	x	0	0	0	y	0	36

※ 기준 타수 : 홀마다 정해져 있는 타수를 말함

※ x, y는 개인 타수 ― 기준 타수의 값 0은 기준 타수와 개인 타수가 동일함을 의미

> ㉠ x는 기준 타수보다 1타를 적게 친 것을 의미한다.
> ㉡ 9개 홀의 타수의 합은 갑와 을이 동일하다.
> ㉢ 세 선수 중에서 타수의 합이 가장 적은 선수는 갑이다.

① ㉠㉡
② ㉡㉢
③ ㉠㉢
④ ㉠㉡㉢

17. 다음은 서원고등학교 3학년 1반의 학생들의 휴대전화와 노트북 보유 현황이다. 휴대전화와 노트북이 모두 없는 학생이 10명이라면, 휴대전화와 노트북을 모두 가지고 있는 학생의 수는?

구분	보유	미보유
휴대전화	75명	25명
노트북	40명	60명

① 15명
② 25명
③ 35명
④ 45명

18. 다음은 ○○도시의 A, B, C 세 지역에서 운영중인 도서관 출입현황에 대한 자료이다. ○○도시는 도서관 출입건수에 따라 각 지역별 도서관시설 정비예산을 책정하려고 한다. 다음 자료에 의하여 A지역 주민 1인당 책정되는 예산은 얼마인가? (단. 경기도 도서관 정비사업 예산은 총 10억 원이 책정되어 있다)

○○도시의 도서관 운영현황

	인구(천명)	출입건수(건)	총 이용자 수(명)
A지역	30	3,000	4,538
B지역	50	4,500	5,690
C지역	40	2,500	3,260

① 6,250원
② 9,000원
③ 10,000원
④ 100,000원

19. 다음 표를 보고 옳은 설명으로 모두 고른 것은?

(단위 : 천 원)

구분	A	B	C	D
자기자본	100,000	500,000	250,000	80,000
액면가	5	5	0.5	1
순이익	10,000	200,000	125,000	60,000
주식가격	10	15	8	12

※ 자기자본 순이익률$=\dfrac{순이익}{자기자본}$

※ 주당 순이익$=\dfrac{순이익}{발행 주식 수}$

※ 자기자본=발행 주식 수×액면가

> ㉠ 주당 순이익은 A 기업이 가장 낮다.
> ㉡ 주당 순이익이 높을수록 주식가격이 높다.
> ㉢ B 기업의 발행 주식 수는 A 기업의 발행 주식 수의 3배이다.
> ㉣ 1원의 자기자본에 대한 순이익은 C 기업이 가장 높고, A 기업이 가장 낮다.

① ㉠
② ㉡
③ ㉠㉢
④ ㉡㉢

20. 다음 표에서 A와 D의 합으로 옳은 것은?

계급	도수	상대도수
10~20	20	0.10
20~30	A	B
30~40	C	0.30
40~50	D	0.35
전체	E	1.00

① 120
② 130
③ 140
④ 150

서 원 각

www.goseowon.com

육군부사관

지적능력평가 모의고사

정답 및 해설

SEOWONGAK

(주)서원각

제 1 회 정답 및 해설

>> 공간능력

1 ③

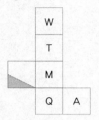

2 ②

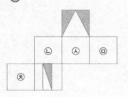

3 ④

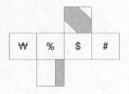

4 ④

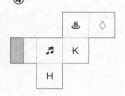

5 ③

6 ②

7 ③

8 ①

9 ④

10 ④

1단 : 19개, 2단 : 15개, 3단 : 9개, 4단 : 4개, 5단 : 1개
총 48개

11 ③

1단 : 16개, 2단 14개, 3단 : 6개, 4단 : 2개, 5단 : 1개
총 39개

12 ②

1단 : 19개, 2단 : 10개, 3단 : 5개, 4단 : 2개

총 36개

13 ②

1단 : 10개, 2단 : 5개, 3단 : 3개, 4단 : 2개, 5단 : 1개

총 21개

14 ③

1단 : 13개, 2단 : 8개, 3단 : 5개, 4단 : 2개, 5단 : 1개,

6단 :1개

총 30개

15 ①

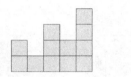

뒤쪽에서 본 모습   정면 위에서 본 모습

16 ②

왼쪽에서 본 모습   정면 위에서 본 모습

17 ②

오른쪽에서 본 모습   정면 위에서 본 모습

18 ③

왼쪽에서 본 모습   정면 위에서 본 모습

1 ②

현 = △, 달 = ◐, 연 = ◑, 원 = ◕, **석 = ▦** →틀림

2 ①

로 = ◈, 나 = ▣, 달 = ◐, 정 = ◒, 매 = ◨ →맞음

3 ②

석 = ▦, 현 = △, **연 = ◑**, 나 = ▣, 정 = ◒ →틀림

4 ①

원 = ◕, 매 = ◨, 로 = ◈, 달 = ◐, 현 = △ →맞음

5 ①

정 = ◒, 열 = ◎, 석 = ▦, 달 = ◐, 연 = ◑ →맞음

6 ③

▨▨ + ☷▨☗▨☷ + Ⅰ▨☗☷▨▨▨ + ▨▨

7 ②

↢⟨⊣▶⟩↠↩⊐⟩▶↶↷↭⟨↧⟩↣⟨↢↝↵

8 ①

‰℃‱𝑵ℒ𝓜™ ℔‰‰𝑢℃℃℔№℮°F℈‰℃

9 ④

두 **볼**에 흐르는 빛은 정작**으로** 고와서 서**러워라**

10 ③

Don't **cr**y snowman right in front of me Who will
cat**c**h your tears

11 ①

B = 9, R = 16, O = 6, A = 0, D = 7 →맞음

12 ①

P = 18, O = 6, I = 19, N = 3, T = 4 →맞음

13 ②

T = 4, E = 2, A = 0, C = 8, **H = 17**, E = 2, R =
16 →틀림

14 ②

A = 0, D = 7, M = 1, I = 19, R = 16, **E = 2**, R =
16 →틀림

15 ①

L = 5, O = 6, O = 6, K = 11, I = 19, N = 3, G =
15 →맞음

16 ①

ㄱ = 5, ㅏ = 4, ㅈ = 15, ㅗ = 19, ㄱ = 5 →맞음

17 ②

ㅅ = 2, ㅣ = 11, ㄴ = 7, ㅂ = 1, **ㅏ = 4**, ㄹ = 9 →
틀림

18 ②

ㅇ = 10, ㅏ = 4, ㅍ = 20, ㅡ = 3, ㄹ = 9, **ㅣ = 11**,
ㅋ = 14, ㅏ = 4 →틀림

19 ①

ㅎ = 12, ㅗ = 19, ㄹ = 9, ㅜ = 16, ㄹ = 9, ㅏ = 4,
ㄱ = 5, ㅣ = 11 →맞음

20 ②

ㄱ = 5, ㅣ = 11, **ㅊ = 8**, ㅏ = 4, ㅇ = 10, ㅏ = 4, ㄴ = 7 → 틀림

21 ②

ㅊ = ◆, ㄱ = ★, ㅇ = ☆, **ㅅ = ▲**, ㅁ = ■ → 틀림

22 ①

ㄴ = ○, ㅅ = ▲, ㅂ = △, ㅈ = ◎, ㄹ = § → 맞음

23 ①

ㅅ = ▲, ㄹ = §, ㄷ = ◇, ㅁ = ■, ㅈ = ◎, ㄱ = ★ → 맞음

24 ②

ㄴ = ○, ㄱ = ★, ㅇ = ☆, **ㅅ = ▲**, ㅈ = ◎, ㄱ = ★ → 틀림

25 ①

ㅇ = ☆, ㄹ = §, ㄱ = ★, ㅊ = ◆, ㅈ = ◎, ㄷ = ◇, ㄴ = ○ → 맞음

26 ④

하와이 호**놀룰루** 대한민국총영사관

27 ②

5791**3**5491**3**542195**4****3**548415763554

28 ②

H**e** wants to join th**e** polic**e** forc**e**

29 ③

ITS **R**ESTAU**R**ANT IS **R**UN BY A TOP CHEF

30 ③

(파)(하)**(나)**(라)(파)(하)(차)(사)**(나)**(가)(타)(파)(사)(바)(차)(자)(바)(라)**(나)**(마)

1 ②

② 남에게 어떤 일이나 감정을 겪게 하거나 느끼게 하다.
① 물건 따위를 남에게 건네어 가지거나 누리게 하다.
③ 남에게 경고, 암시 따위를 하여 어떤 내용을 알 수 있게 하다.
④ 주사나 침 따위를 놓다.
⑤ 속력이나 힘 따위를 내다.

2 ⑤

⑤ 어떤 말이나 언어를 사용하다.
① 몸의 일부분을 제대로 놀리거나 움직이다.
② 혀로 느끼는 맛이 한약이나 소태, 씀바귀의 맛과 같다.
③ 어떤 일을 하는 데 시간이나 돈을 들이다.
④ 어떤 일에 마음이나 관심을 기울이다.

3 ①

① 생각, 태도, 사상 따위를 마음에 품다.
② 손이나 몸 따위에 있게 하다.
③ 직업, 자격증 따위를 소유하다.
④ 아이나 새끼, 알을 배 속에 지니다.
⑤ 거느리거나 모시거나 두다.

4 ③

③ 속에 들어 있는 기체나 액체를 밖으로 나오게 하다.
① 박힌 것을 잡아당기어 빼내다.
② 무엇에 들인 돈이나 밑천 따위를 도로 거두어들이다.
④ 원료나 재료로 길게 생긴 물건을 만들다
⑤ 여럿 가운데에서 골라내다.

5 ⑤

㉠ 자기 것으로 만들어 가지다.
① 어떤 일에 대한 방책으로 어떤 행동을 하거나 일정한 태도를 가지다.
②③ 어떤 특정한 자세를 하다.
④ 남에게서 돈이나 물품 따위를 꾸거나 빌리다.

6 ②

② 주어진 글은 거사와 나그네의 대화 형식으로 전개되고 있으나 인물간의 갈등이 나타나고 있진 않다.

7 ③

주어진 글에서 나그네는 '거울이란 얼굴을 비추어 보거나, 군자가 거울을 보고 그 맑음을 취하는 것'이라는 통념을 제시하여 거사에게 물음을 던짐으로써 거사에게 새로운 이치를 주장할 기회를 제공한다.

8 ②

주어진 빈칸의 뒤에 오는 문장에서 문어체와 대화체의 특성을 설명하고 있으므로 빈칸에는 ②가 오는 것이 적절하다.

9 ③

㉠ 인공강우의 경우 항공기로 구름에 요오드화은(AgI)이나 드라이아이스(CO_2) 입자를 살포하는 방법이 가장 일반적이라고 제시되어 있지만 이 글을 통해 최초의 인공강우 실험을 어떤 방식으로 무엇을 가지고 했는지는 알 수 없다. (×)
㉡ 0.1~1mm는 시간당 강우량으로, 인공강우 실험이 성공했을 때 얼마나 비가 왔는지는 알 수 없다. (×)
㉢ 대기오염물질의 배출량을 근본적으로 줄이지 않으면, 비가 온 뒤 잠깐 깨끗해질 순 있어도 곧 미세먼지는 다시 생성될 것이라는 내용을 통해 추론할 수 있다. (○)
㉣ 주류 과학계에서는 오랜 기간에 걸쳐 가뭄 해소를 위해 인공강우 연구를 해왔다는 내용을 통해 미세먼지 해소를 위해서 연구한 것이 아님을 알 수 있다. (×)

10 ③

위 글의 대화에서 사용된 어휘는 사회 방언으로, 의사들끼리 전문 분야의 일을 효과적으로 수행하기 위해 사용하는 전문어이다.

11 ①

② '나무 개구리'는 천적의 위협을 받고 있지 않으므로 적절하지 않다.

④ '나무 개구리'는 사막이라는 주어진 환경에 적응하여 생존하는 것이지 환경을 변화시킨 것은 아니므로 적절하지 않은 반응이다.

⑤ '나무 개구리'가 삶의 과정에서 다른 생명체와 경쟁하는 내용은 방송에 언급되어 있지 않으므로 적절하지 않은 내용이다.

12 ⑤

① '하늘에는'은 '하늘'과 '에'가 결합된 것이므로 자립 형태소 하나와 의존 형태소 하나로 분석된다.

② '이'는 의존 형태소이다.

③ '많다'는 '많-'과 '-다'라는 의존 형태소 두 개로 구성되어 있다.

④ '에'와 '이'는 모두 의존 형태소이다.

13 ②

주어진 글은 인체의 자연치유력의 개념을 정의하고 오토파지의 개념, 기능, 과정 등을 제시하며, 오토파지의 원리를 중심으로 인체의 자연치유력을 서술하고 있다.

14 ④

㉠은 '무엇이라고 가리켜 말하거나 이름을 붙이다.'의 의미로 '도덕 기준이 없는 혼돈 상태를 아노미라고 부른다.'의 '부르다'와 같은 의미이다.

① 만세 따위를 소리 내어 외치다.

② 어떤 방향으로 따라오거나 동참하도록 유도하다.

③ 값이나 액수를 얼마라고 말하다.

⑤ 말이나 행동 따위로 남을 오라고 하다.

15 ④

보테로가 캔버스가 가지고 있는 물리적 특징을 고려하여 작품 속 인물의 상징적 의미를 표현했다는 점은 언급되지 않았다.

16 ⑤

'구성(構成)'의 사전적 의미는 '색채와 형태 따위의 요소를 조화롭게 조합하는 일'이다.

17 ②

본문은 비행기의 날개를 베르누이의 원리를 바탕으로 설계하여 양력을 증가시키는, 비행의 기본 원리를 설명하고 있는 글이다.

18 ①

① 받음각이 최곳값이 되면 양력이 그 뒤로 급속히 떨어진다고 나와 있다. 따라서 속도는 감소하게 된다.

19 ③

방언의 언어학적 가치는 언급하고 있지 않다.

20 ①

다음에서 설명하고 있는 것은 사회 언어학은 전통적인 방언학이 시골을 주된 연구의 대상으로 삼았다는 점을 비판하면서 대두되었다고 말하고 있다. 방언의 발생 요인은 지역 차이만 있는 것이 아니라, 성별, 계층, 세대·연령 등 다양하다. 그러나 전통 방언학에서는 이러한 다양한 방언 분화 원인을 고찰하지 못하고 있다.

21 ④

㉣에는 '저 책'이 생략되었다. '저 책'은 이전 대화에서 '저건', '내가 읽고 싶었던 책'으로 언급되었기 때문에 생략해도 된다.

22 ②

㉠ '물고기'는 '물(어근)+고기(어근)'로 구성된 합성어

㉣ '책가방'은 '책(어근)+가방(어근)'으로 구성된 합성어

㉡ '지우개'는 '지우(어근 +개(접사)'로 구성된 파생어

㉢ '심술쟁이'는 '심술(어근)+쟁이(접사)'로 구성된 파생어

23 ①

주어진 글에서 ㉠대장균은 ㉡질병을 막아주는 역할을 한다고 하였으므로 이와 유사한 관계로 이루어진 것은 '① 댐 : 홍수'이다.

댐은 홍수를 막아주는 역할을 한다.

24 ④

주어진 글에서 ㉡점술이 ㉠과학의 도움을 받아 서로 공존을 이루어낸다고 하였으므로 이와 유사한 관계로 이루어진 것은 '④ 꽃 : 나비'이다.

나비는 꽃으로부터 양분을 얻으며, 꽃은 나비를 통해 생식의 도움을 받는 방식으로 공생한다.

25 ⑤

주어진 글에서 ㉠노비는 ㉡농노를 포함하는 의미이므로 이와 유사한 관계로 이루어진 것은 '⑤ 남자 : 총각'이다.

1 ③

주어진 수열은 짝수가 자신의 수만큼 반복하여 등장하는 규칙을 가지고 있다. 따라서 16은 14가 마지막으로 나오는 56번째 다음인 57번째 처음 나온다.

2 ①

주어진 수열은 $3+4n(n=1, 2, 3\cdots)$의 수가 일의 자리 수의 값만큼 반복되어 나타나는 규칙을 가지고 있다. 따라서 39는 n이 9일 때 값이므로 n이 8일 때 값인 35가 마지막으로 나오는 38번째 다음에 등장하여 39번째 처음 등장한다.

3 ①

주어진 수열의 홀수 항은 +2, 짝수 항은 ×2의 규칙을 가지고 있다. 따라서 $16+2=18$이다.

4 ④

20%의 소금물의 양을 Xg이라 하면, 증발시킨 후 소금의 양은 같으므로

$$X \times \frac{20}{100} = (X-60) \times \frac{25}{100}, \ X=300$$이다.

더 넣은 소금의 양을 xg이라 하면,

$$300 \times \frac{20}{100} + x = (300-60+x) \times \frac{40}{100}$$

$$x=60$$

5 ①

철수가 받은 문자가 '레저'라는 단어를 포함하는 사건을 A, 광고인 사건을 B라고 하면

$$P(B) = P(A \cap B) + P(A^C \cap B)$$
$$= 0.1 \times 0.5 + 0.9 \times 0.2 = 0.23$$

따라서 구하는 확률은

$$P(A|B) = \frac{P(A \cap B)}{P(B)} = \frac{0.1 \times 0.5}{0.23} = \frac{5}{23}$$

6 ②

$$\frac{x}{1404} \times 100 = 43.1$$
$$100x = 60512.4$$
$$\therefore x = 605(명)$$

7 ①

① 2017년 전년대비 쌀 생산량의 감소율은 남한(약 −5.36%)이 북한(약 −1.43%)보다 크다.

② 2015년 남한의 쌀 생산량은 북한의 쌀 생산량의 2배를 넘는다.

③ 2018년 남한의 옥수수 생산량은 동년 북한의 옥수수 생산량의 0.05배를 넘는다.

④ 2017년 북한의 쌀 생산량은 전년대비 감소했다.

8 ③

① 석유를 많이 사용 할 것이라는 사람보다 적게 사용 할 것이라는 사람의 수가 더 많다.

② 석탄을 많이 사용 할 것이라는 사람보다 적게 사용 할 것이라는 사람의 수가 더 많다.

④ 원자력을 많이 사용 할 것이라는 사람이 많고 석유, 석탄은 적게 사용 할 것이라는 사람이 많다.

9 ②

② 2017년 5명에서 2019년 2.4명으로 해마다 점차적으로 평균 가구원 수는 감소하고 있음을 알 수 있다.

10 ③

야간만 사용할 경우이므로 동일한 가격에 월 기본료가 저렴한 L사가 적당하다.

11 ②

㉠ S사 : 기본료 12,000원, 8,000원으로 약 133분 통화가 가능하다.

㉡ K사 : 기본료 11,000원, 9,000원으로 약 225분 통화가 가능하다.

㉢ L사 : 기본료 10,000원, 10,000원으로 약 200분 통화가 가능하다.

12 ①

① 항상 칠레와의 교역은 수출보다 수입의 비중이 더 크므로 무역적자에서 흑자로 바뀐 적이 없다.

② 약 칠레 6배, 이라크 150배, 이란 6배 증가하였으므로 최근 10년간 이라크의 수출액 증가율이 가장 높았다.

③ 이라크와의 교역액은 2009년에 크게 감소하였다.

④ 이란과의 무역적자는 50억 정도로 가장 심각하다.

13 ④

태준이가 이긴 횟수를 x, 진 횟수를 y라 할 때,

믿음이가 이긴 횟수는 y, 진 횟수는 x가 된다.

따라서 $3x - 2y = 21$, $3y - 2x = 9$를 연립하면

$$\therefore x = 9$$

14 ②

① 1인 가구인 경우 852,000원, 2인 가구인 경우 662,000원, 3인 가구인 경우 520,000원으로 영·유아 수가 많을수록 1인당 양육비가 감소하고 있다.

② 1인당 양육비는 영·유아가 1인 가구인 경우에 852,000원으로 가장 많다.

③ 소비 지출액 대비 총양육비 비율은 1인 가구인 경우 39.8%로 가장 낮다.

④ 영·유아 3인 가구의 총양육비의 절반은 793,500원이므로 1인 가구의 총양육비는 3인 가구의 총양육비의 절반을 넘는다.

15 ①

① 2017년에 프랑스가 45.3%로 한국의 42.1%를 앞질렀다.

16 ②

① 소득이 가장 낮은 수준의 노인이 3개 이상의 만성 질병을 앓고 있는 비율이 33%로 가장 높다.

② 소득이 150~199만 원일 때와 200~299만 원일 때는 만성 질병의 수가 3개 이상일 때가 각각 20.4%와 19.5%로 소득 수준의 4분의 1인 25%에 미치지 못한다.

③ 소득 수준이 높을수록 '없다'의 확률이 더욱 높아지고 있다.

④ 월 소득이 50만 원 미만인 노인이 만성 질병이 없을 확률은 3.7%로 5%에도 미치지 못한다.

17 ②

① 한국 : 증가→증가→감소→감소

　일본 : 증가→감소→감소→증가

　캐나다 : 증가→감소→증가→감소

　멕시코 : 증가→증가→증가→증가

　미국 : 증가→증가→증가→감소

② $\dfrac{12,105}{31,787} \times 100 = $ 약 38.08%

③ $\dfrac{21,946,000}{5} = 4,389,200$ 대로 430만 대 이상 생산하였다.

④ 매년 일본의 자동차 생산량은 한국의 자동차 생산량의 2배 이상이다.

18 ③

전체 200명 중 남자의 비율이 70%이므로 140명이 되고 이중 커피 선호자의 비율이 60%이므로 선호자 수는 84명이 된다.

선호 성별	선호자 수	비선호자 수	전체
남자	84명	56명	140명
여자	40명	20명	60명
전체	124명	76명	200명

① $\dfrac{84}{56} = \dfrac{3}{2} = 1.5$

② 남자 커피 선호자(84)는 여자 커피 선호자(40)보다 2배 많다.

④ $\dfrac{84}{140} \times 100 = 60 < \dfrac{40}{60} \times 100 = 66.66\cdots$ 이므로 남자의 커피 선호율이 여자의 커피 선호율보다 낮다.

19 ④

양수기가 고장 나기 전 시간당 퍼내는 물의 양을 x 톤이라고 하면

고장 나기 전까지 걸린 시간은 $\dfrac{30}{x}$ 시간, 고장 난 후에 걸린 시간은 $\dfrac{50}{x-20}$ 시간,

고장이 나지 않았을 때 걸리는 시간 $\dfrac{80}{x}$ 이다.

$\therefore \dfrac{30}{x} + \dfrac{50}{x-20} = \dfrac{80}{x} + \dfrac{25}{60}$

이 분수방정식을 풀면 $x^2 - 20x - 2,400 = 0$,
$(x-60)(x+40) = 0$

$\therefore x = 60$

20 ④

㉠ 직원의 월급은 생산에 기여한 노동에 대한 대가이고 대출 이자는 생산에 기여한 자본에 대한 대가이므로 생산 과정에서 창출된 가치를 포함한다. 창출된 가치는 500만 원이 된다.

㉡ 생산재는 생산을 위해 사용되는 재화를 말하며 200만 원이다.

㉢ 서비스 제공으로 인해 발생한 매출액은 700만 원보다 적다. 왜냐하면 600만 원이 모두 서비스 제공으로 인한 매출액이 아니기 때문이다.

㉣ 판매 활동은 가치를 증대시키는 생산 활동에 해당하므로 판매를 담당한 직원에게 지급되는 월급은 직원이 생산 활동에 제공한 노동에 대한 대가로 지급된 금액이다.

제 2 회 정답 및 해설

>> 공간능력

1 ③

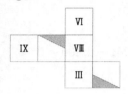

2 ②

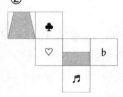

3 ①

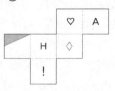

4 ②

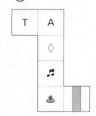

5 ①

② ③ ④

6 ④

① ② ③

7 ②

① ③ ④

8 ①

② ③ ④

9 ③

① ② ④

10 ②

1단 : 18개, 2단 : 7개, 3단 : 5개, 4단 : 4개
총 34개

11 ②

1단 : 21개, 2단 : 10개, 3단 : 6개, 4단 : 2개
총 39개

12 ②

1단 : 12개, 2단 : 6개, 3단 : 3개, 4단 : 1개, 5단 : 1개

총 23개

13 ④

1단 : 20개, 2단 : 11개, 3단 : 5개, 4단 : 2개, 5단 : 1개,
6단 : 1개

총 40개

14 ④

1단 : 14개, 2단 : 8개, 3단 : 5개, 4단 : 3개, 5단 : 2개,
6단 : 1개

총 33개

15 ④

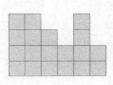

왼쪽에서 본 모습 　　　정면 위에서 본 모습

16 ②

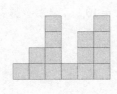

오른쪽에서 본 모습　정면 위에서 본 모습

17 ②

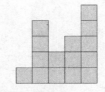

오른쪽에서 본 모습　정면 위에서 본 모습

18 ③

뒤쪽에서 본 모습 　　정면 위에서 본 모습

〉〉 지각속도

1 ②

E=1, K=ㅒ, **S=ㅜ**, V=ㅛ→틀림

2 ①

X=ㅡ, G=ㅓ, D=ㅑ, M=ㅗ→맞음

3 ②

H=ㅏ, G=ㅓ, X=ㅡ, **E=ㅣ**, S=ㅜ→틀림

4 ②

M=ㅗ, J=ㅢ, **E=ㅣ**, D=ㅑ, V=ㅛ→틀림

5 ①

G=ㅓ, X=ㅡ, K=ㅒ, D=ㅑ, E=ㅣ→맞음

6 ④

내 차례에 **못** 올 **사**랑인 줄 알면**서**도 나 혼자는 꾸준히 **생**각하리라

7 ①

43541365418**3**9**8**9**6**5454**9**76412

8 ③

T**h**e tendency for t**h**e market to reward caring for ot**h**ers may just be an incentive to act,

9 ③

사람에게는 때로 어떠한 말로**도** 위안이 **되**지 못하는 시간**들**이 있다.

10 ②

☰☵☴☲☶☳**☱**☶☷**☱**☳☷☶☳☴

11 ①

火＝(6), 子＝(9), 犬＝(11), 木＝(14), 全＝(17)→맞음

12 ①

大＝(13), 土＝(20), 口＝(7), 夫＝(16), 目＝(2)→맞음

13 ②

太＝(11), 金＝(18), 百＝(4), 月＝(5), 犬＝(11), **母＝(8)**→틀림

14 ②

木＝(14), 水＝(10), 日＝(1), 夫＝(16), **自＝(3)**, 玉＝(19)→틀림

15 ①

父＝(12), 母＝(8), 子＝(9), 金＝(18), 百＝(4), 土＝(20), 口＝(7)→맞음

16 ②

ㅗ＝3, ㅒ＝4, ㅠ＝10, **ㅓ＝16**, ㅢ＝8→틀림

17 ②

ㅑ＝20, ㅘ＝18, ㅣ＝15, **ㅖ＝17**, ㅟ＝7→틀림

18 ①

ㅓ＝16, ㅡ＝19, ㅒ＝9, ㅟ＝12, ㅕ＝14, ㅜ＝2→맞음

19 ①

ㅘ = 18, ㅕ = 14, ㅙ = 11, ㅝ = 7, ㅛ = 13, ㅏ = 1
→ 맞음

20 ①

ㅠ = 10, ㅡ = 19, ㅗ = 3, ㅑ = 20, ㅟ = 12, ㅢ = 8, ㅓ = 16, ㅖ = 17 → 맞음

21 ②

∴ = a, ∹ = e, ∷ = d, ÷ = i, **≒ = g** → 틀림

22 ②

∶ = c, ∴ = a, ≒ = g, ÷ = h, **∺ = j** → 틀림

23 ②

÷ = h, ∷ = d, **∹ = e**, ≓ = f, ∵ = b → 틀림

24 ②

÷ = i, ≓ = f, ∺ = j, ≒ = g, **∴ = a**, ∶ = c → 틀림

25 ①

∵ = b, ∷ = d, ∺ = j, ∹ = e, ÷ = h, ∶ = c, ≓ = f → 맞음

26 ④

549751**0**454**0**84**0**489751**0**64**0**54810**6**

27 ①

최선을 다하려는 사**람**이라**면** 좋겠어

28 ①

Dinosaurs beca**m**e extinct a long ti**m**e ago

29 ④

子**丑**寅卯酉子**丑**酉辰蛇午子未**丑**申酉戌**丑**亥子

30 ④

↱ ↳ ↦ ↙↰ ∪ ∼ ↵ ↰↘ ↕ ↳↱ ↗ → ↑ ↔↰

1 ④

④ 생각이나 느낌 따위가 글, 그림, 음악 따위로 드러나다.
① 보이지 아니하던 어떤 대상의 모습이 드러나다.
② 어떤 일의 결과나 징후가 겉으로 드러나다.
③ 보이지 아니하던 어떤 대상의 모습이 드러나다.
⑤ 내면적인 심리 현상이 얼굴, 몸, 행동 따위로 드러나다.

2 ②

② 하나를 둘 이상으로 가르다.
① 여러 가지가 섞인 것을 구분하여 분류하다.
③ 나눗셈을 하다.
④ 몫을 분배하다.
⑤ 음식 따위를 함께 먹거나 갈라 먹다.

3 ④

④ 어느 곳에 거주하거나 거처하다.
① 불 따위가 타거나 비치고 있는 상태에 있다.
② 본래 가지고 있던 색깔이나 특징 따위가 그대로 있거나 뚜렷이 나타나다.
③ 마음이나 의식 속에 남아 있거나 생생하게 일어나다.
⑤ 움직이던 물체가 멈추지 않고 제 기능을 하다.

4 ⑤

⑤ 일정한 공간이나 길이를 갖는 사물에서, 한쪽으로 치우치지 않고 양 끝에서 거의 같은 거리가 떨어져 있는 부분
① 양쪽의 사이
② 여럿으로 이루어진 일정한 범위의 안
③ 순서에서, 처음이나 마지막이 아닌 중간
④ 여럿으로 이루어진 일정한 범위의 안

5 ③

③ 어떤 일이나 현상이나 증상 따위가 생겨 나타나지 않게
① 재물이 넉넉하지 못하여 가난하게
② 어떤 일이 가능하지 않게
④ 사람이나 사물 또는 어떤 사실이나 현상 따위가 어떤 곳에 자리나 공간을 차지하고 존재하지 않게
⑤ 어떤 물체를 소유하고 있지 않거나 자격이나 능력 따위를 갖추고 있지 않게

6 ①

② ㉡은 다의어로 인한 중의적 표현이 아니므로 적절하지 않다.
③ ㉢은 '함께'라는 새로운 부사어를 첨가하여 뜻을 명확하게 하고 있다.
④ ㉣은 어순을 변경하여 뜻을 명확하게 한 사례이다.
⑤ ㉤은 조사를 첨가하여 뜻을 분명하게 한 사례이다.

7 ②

②는 순우리말로 된 합성어로 1-(3)에 해당하여 '댓잎'과 같이 사이시옷을 적는다.

8 ②

①③④⑤는 위 내용들을 비판하는 근거가 되지만, ②는 위 글의 주장과는 연관성이 거의 없다.

9 ①

주어진 글은 고전을 읽어야 한다는 주장을 독자에게 설명하기 위해 '창애에게 답하다', '하룻밤에 아홉 번 강물을 건넌 이야기' 등을 예시로 들며 '고전'을 '지팡이'와 '등댓불'에 빗대어 주장을 뒷받침하고 있다.

10 ①

주어진 글에서 ㉠의 '처리'는 '사무나 사건 따위를 절차에 따라 정리하여 치르거나 마무리를 지음'의 의미이며 ①의 '처리'는 '일정한 결과를 얻기 위하여 화학적 또는 물리적 작용을 일으킴'을 의미한다.

11 ①

이 글의 중심 화제는 삶과 역사의 관계이다. 삶이 역사와 관계를 맺는 유형을 기념비적 역사, 골동품적 역사, 비판적 역사로 제시하고 각각의 장점과 단점을 설명하고 있다.

12 ②

ⓛ은 '다그쳐 빨리 나아가게 하다'라는 뜻을 지녔으므로, '나타내는'으로 바꾸는 것은 적절하지 않다.

13 ④

전자상거래소비자보호법은 소비자 피해를 예방하고 소비자 권익을 보호하기 위한 것이라고 1문단에 제시되어 있으므로 소비자 피해 보상에 초점을 둔다고 볼 수 없다.

14 ⑤

에스크로를 이용하면 제3자가 물품대금을 맡아두었다가 소비자가 물품을 받은 후 구매 승인을 한 다음 판매자에게 물품대금을 지급하므로 비대면으로 이루어지는 거래이지만 소비자가 물품을 직접 확인한 후 구매 의사를 결정할 수 있다.

15 ④

이 글에서는 방언 속에 옛말이 남아 있어서 국어의 역사를 연구하는 데 도움을 줄 수 있다고는 하였으나, 방언 연구 방법에 대한 설명은 없다.

16 ④

④ 이 글에서는 언어의 기호성과 관련된 내용은 찾아볼 수 없다.

17 ③

종교에 인간의 신념 체계가 어떻게 구현되는지를 묻고 있으므로 ③번이 정답이다.

18 ②

윤리적, 도덕적 덕성의 함양은 구도형 신념 체계이므로 정답은 ②번이다.

19 ⑤

첫 번째 단락에서 초기의 과학자들은 인간 DNA보다 1,600배나 작은 DNA를 가진 미생물이 1,700개의 유전자를 가지고 있어서 인간처럼 고등 생물은 유전자가 적어도 10만 개는 되어야 한다.

20 ③

인간의 유전자가 슈퍼 유전자로 다른 생물보다 더 많은 단백질을 만들며, 이러한 단백질이 많은 기능을 한다.

21 ③

보기에 있는 속담들은 사소한 문제를 해결하려고 지나친 방법을 사용하는 것은 오히려 더 큰 문제를 일으킨다는 뜻으로 쓰인다. 이것과 관련되는 고사성어가 '교왕과직(矯枉過直)'이다. 이것은 '잘못을 바로 잡으려다 지나쳐 오히려 나쁘게 하다.'의 뜻이다.
① 설상가상(雪上加霜) : 눈 위에 또 서리가 덮인 격이라는 뜻으로, '어려운 일이 연거푸 일어남'을 비유하여 이르는 말이다.
② 견마지로(犬馬之勞) : 개나 말 정도의 하찮은 힘이란 뜻으로, '윗사람(임금 또는 나라)을 위하여 바치는 자기의 노력'을 겸손하게 이르는 말이다.
④ 도로무익(徒勞無益) : 헛되이 수고만 하고 보람이 없다는 뜻이다.
⑤ 침소봉대(針小棒大) : 작은 일을 크게 떠벌리거나 과장하는 것을 말한다.

22 ⑤

Ⅰ그룹은 개인의 이익을 위해 하는 직업이고, Ⅱ그룹은 국민 다수의 공익을 위해 하는 직업이다. 이들은 국가나 지방 자치 단체가 그 신분을 보장하게 된다. 사립학교 교사의 경우도 공무원에 준하는 대우를 받게 되는 것은 교육 행위의 공공적 성격 때문이다.

23 ④

② 비유의 방법을 쓰지 않았다.

③⑤ 대조의 방법을 쓰지 않았고, 양면적 속성을 드러내지 못했다.

24 ④

ⓛ은 사실로서 논리적 판단이 아니며, ㉠은 ⓛ의 현상이 일어나게 된 원인에 해당한다. ㉢은 ⓛ에 대한 반론이며, ㉢과 ㉣은 ㉤에 대한 전제이고, ㉤은 글 전체의 결론이다.

25 ②

㉤이 이 문단의 첫 문장이 되어야 한다. 그렇다면 이 문단은 결국 ㉤-㉣-㉢-㉠-ⓛ의 순서로 문장이 전개되고 있음을 알 수 있다.

1 ③

주어진 수열은 홀수가 자신의 값만큼 반복되며 나열되는 규칙을 가지고 있다. 27은 바로 앞의 수 25가 마지막으로 나오는 169번째 다음인 170번째에 처음 나온다.

2 ④

주어진 수열은 3n(n=2, 3, 5, 7, …)의 규칙을 가진 수가 n의 수만큼 나열되는 규칙을 가지고 있다. 57은 n의 값이 19인 수로 바로 앞의 수 51이 마지막으로 등장하는 58번째 다음인 59번째에 처음 등장한다.

3 ③

주어진 수열은 첫 번째 수에 제곱한 수가 차례로 더해지는 규칙을 가진다.

$4\ (+1^2)\ 5\ (+2^2)\ 9\ (+3^2)\ 18\ (+4^2)\ 34\ (+5^2)\ 59$ (6^2) '95'

4 ②

현수가 자전거를 타고 간 거리를 $x\,\mathrm{km}$, 뛰어간 거리를 $y\,\mathrm{km}$ 라고 하면

$$\begin{cases} x+y=5 \\ \dfrac{x}{12}+\dfrac{y}{8}=\dfrac{1}{2} \end{cases}$$
$$\therefore\ x=3,\ y=2$$

5 ④

강 과장이 하루에 처리 할 수 있는 일의 양은 $\dfrac{1}{15}$, 오 사원이 하루에 처리할 수 있는 일의 양은 $\dfrac{1}{24}$ 이다. 강 과장이 5일 동안 일을 했으므로 오 사원은 x 일 동안 남은 일을 처리한다면 다음과 같이 식을 세울 수 있다. $\dfrac{5}{15}+\dfrac{x}{24}=1$, $x=16$이므로 일을 마치는 데 소요된 총 일수는 5+16=21일 이다.

6 ③

출시 건수가 가장 많은 회사는 B사, 세 번째로 많은 회사는 C사이다.

B사의 2018년 대비 2019년의 증감률은

$$\frac{118 - 121}{121} \times 100 = -2.48\%$$

C사의 2018년 대비 2019년의 증감률은

$$\frac{80 - 61}{61} \times 100 = 31.15\%$$

7 ④

㉠ 여학생과 남학생의 각 인원수를 알 수 없기 때문에 비율만으로 SNS 계정을 소유한 남녀 학생 수를 비교할 수 없다.

㉡ SNS 계정을 소유한 비율은 초등학생 44.3%, 중학생 64.9%, 고등학생 70.7%이므로 상급 학교 학생일수록 높다.

㉢ 성별과 학교급은 각 항목을 구분하는 서로 다른 기준이기 때문에 고등학교 여학생의 SNS 계정 소유 비율이 가장 크다고 볼 수 없다.

㉣ 초등학생은 SNS 계정을 소유하지 않은 학생이 55.7%이고, 중·고등학생은 각각 64.9%, 70.7%가 SNS 계정을 소유하고 있다.

8 ①

도시의 주택 보급률이 전국의 주택 보급률 96.2%보다 낮은 87.8%라는 사실로 볼 때 농어촌의 주택 보급률이 도시의 주택 보급률보다 높다고 할 수 있다. 따라서 도시 주택의 가격이 농어촌 주택의 가격보다 상승 가능성이 더 높다고 할 수 있다.

9 ④

① 혼인을 해야 한다는 응답자 중 남자가 과반수이다.

② 성별과 연령별을 종합하여 표를 분석할 수 없다.

③ 연령대가 낮을수록 혼인을 선택으로 보는 사람의 비율이 낮다.

10 ②

① 2015년 대만의 국민총소득은 전년대비 감소했다.

② $\frac{19,608}{38,978} \times 100 = 50.3\%$ 로 50%를 넘는다.

③ 2017년 전년대비 국민총소득의 증가율은

$$\left(\frac{1,288 - 1,184}{1,184}\right) \times 100 = 8.8\%$$ 로 호주가 가장 높다.

④ 2013년 캐나다 국민총소득의 10배는 18,140억 달러로 미국의 국민총소득보다 많다.

11 ④

표에서 필수적 생활비는 음식료비와 주거 관련 비를 말한다.

소득이 감소할 때 소비 지출을 줄이겠다고 응답한 사람은 농촌보다 도시에서, 학력이 높을수록 높게 나타난다. 지출을 줄이겠다고 응답한 사람들의 항목별 비율에서는 외식비, 주거 관련 비를 줄이겠다고 응답한 사람들의 비율이 높은 반면, 사교육비 지출을 줄이겠다는 사람들은 학력에 관계없이 가장 적게 나타나고 있다.

12 ③

고등학교	국문학과	경제학과	법학과	기타	진학 희망자 수
A	(420명) 84명	(70명) 7명	(140명) 42명	(70명) 7명	700명
B	(250명) 25명	(100명) 30명	(200명) 60명	(100명) 30명	500명
C	(60명) 21명	(150명) 60명	(120명) 18명	(180명) 18명	300명
D	(20명) 6명	(100명) 25명	(320명) 64명	(120명) 24명	400명

13 ②

① 연도별 자동차 수

$$= \frac{\text{사망자 수}}{\text{차 1만 대당 사망자 수}} \times 10,000$$

② 운전자 수가 제시되어 있지 않아서 운전자 1만 명당 사고 발생건수는 알 수 없다.

③ 자동차 1만 대당 사고율 $= \dfrac{발생건수}{자동차\ 수} \times 10{,}000$

④ 자동차 1만 대당 부상자 수

$\qquad = \dfrac{부상자\ 수}{자동차\ 수} \times 10{,}000$

14 ②

조건 ㈎에서 R 석의 티켓의 수를 a, S 석의 티켓의 수를 b, A 석의 티켓의 수를 c 라 놓으면

$a + b + c = 1{,}500$ …… ㉠

조건 ㈏에서 R 석, S 석, A 석 티켓의 가격은 각각 10 만 원, 5 만 원, 2 만 원이므로

$10a + 5b + 2c = 6{,}000$ …… ㉡

A 석의 티켓의 수는 R 석과 S 석 티켓의 수의 합과 같으므로

$a + b = c$ …… ㉢

세 방정식 ㉠, ㉡, ㉢을 연립하여 풀면

㉠, ㉢에서 $2c = 1{,}500$ 이므로 $c = 750$

㉠, ㉡에서 연립방정식

$\begin{cases} a + b = 750 \\ 2a + b = 900 \end{cases}$

을 풀면 $a = 150$, $b = 600$ 이다.

따라서 구하는 S 석의 티켓의 수는 600 장이다.

15 ②

㉠ $240 - 168 = 72$ 명

㉡ $100 - 70 = 30\%$

㉢ $\dfrac{168}{240} \times 100 = 70\%$

㉣ $200 \times 0.36 = 72$ 명

㉤ $200 - 72 = 128$ 명

16 ①

A : $(40{,}000 + 10{,}000) \times 12 = 600{,}000 + 2{,}800{,}000$
$\qquad = 3{,}400{,}000$

B : $(40{,}000 + 20{,}000) \times 12 = 720{,}000 + 2{,}600{,}000$
$\qquad = 3{,}320{,}000$

C : $(30{,}000 + 20{,}000) \times 12 = 600{,}000 + 2{,}400{,}000$
$\qquad = 3{,}000{,}000$

17 ②

A : $(40{,}000 + 10{,}000) \times 36 = 1{,}800{,}000$

B : $(40{,}000 + 20{,}000) \times 36 = 2{,}160{,}000$

C : $(30{,}000 + 20{,}000) \times 36 = 1{,}800{,}000$

18 ③

$300 \div 55 = 5.45 \fallingdotseq 5.5$(억 원)이고 3km이므로 5.5×3
$= 약\ 16.5$(억 원)

19 ④

십의 자리의 숫자가 홀수일 확률: $\dfrac{3}{5}$

일의 자리의 숫자가 홀수일 확률: $\dfrac{1}{2}$

따라서 십의 자리의 숫자와 일의 자리의 숫자가 모두 홀수일 확률은 $\dfrac{3}{5} \times \dfrac{1}{2} = \dfrac{3}{10}$ 이다.

20 ②

A 항구와 B 항구를 왕복하는 여객선이 정상적으로 운행할 때의 속력은 a(km/시)이므로 10시에 A 항구를 출발한 여객선이 기관 이상이 생기기 전까지 운행한 시간은 $\dfrac{40}{a}$ (시간), 기관 고장 후 운행한 시간은 $\dfrac{20}{a-10}$ (시간), 11 시에 A 항구를 출발한 여객선이 B 항구에 도착할 때까지 걸린 시간은 $\dfrac{60}{a}$ (시간)이다.

두 여객선이 동시에 B 항구에 도착하였으므로

$\dfrac{40}{a} + \dfrac{20}{a-10} = \dfrac{60}{a} + 1$, $\dfrac{20}{a-10} - \dfrac{20}{a} = 1$

위의 식의 양변에 $a(a-10)$ 을 곱하여 정리하면

$20a - 20(a-10) = a(a-10)$

$a^2 - 10a - 200 = 0$, $(a+10)(a-20) = 0$

$\therefore a = 20$ $(\because a > 0)$

제3회 정답 및 해설

〉〉 공간능력

1 ④

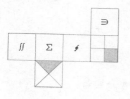

2 ①

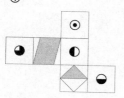

3 ③

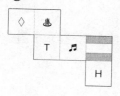

4 ②

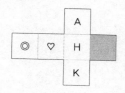

5 ②

6 ③

7 ①

8 ②

9 ①

10 ②

1단 : 19개, 2단 : 9개, 3단 : 5개, 4단 : 2개
총 35개

11 ④

1단 : 16개, 2단 : 10개, 3단 : 5개, 4단 : 2개, 5단 : 1개
총 34개

12 ③

1단 : 13개, 2단 : 8개, 3단 : 4개. 4단 : 1개
총 26개

13 ③

1단 : 13개, 2단 : 7개, 3단 : 5개, 4단 : 2개, 5단 : 1개
총 28개

14 ④

1단 : 14개, 2단 : 7개, 3단 : 4개, 4단 : 2개
총 27개

15 ①

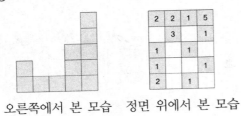

오른쪽에서 본 모습　　정면 위에서 본 모습

16 ②

왼쪽에서 본 모습　　정면 위에서 본 모습

17 ③

오른쪽에서 본 모습　　정면 위에서 본 모습

18 ②

왼쪽에서 본 모습　　정면 위에서 본 모습

1 ①

풀=◂, 바=♭, 들=♫, 강=♩, 숲=⋈ → 맞음

2 ②

산=♫, 람=♯, **성=⋈**, 달=▸◂, 바=♭ → 틀림

3 ①

달=▸◂, 바=♭, 람=♯, 성=▸◂ → 맞음

4 ②

해=◂, 강=♩, **들=♫**, **산=♫**, 숲=⋈ → 틀림

5 ①

산=♫, 들=♫, 바=♭, 풀=◂, 달=▸◂ → 맞음

6 ①

강나루 **건**너서 밀밭 **길**을 구름에 달 **가**듯이 **가**는 나
그네

7 ③

tell you t**h**e trut**hs** sometimes we laug**h** an
easily lie

8 ②

夂匕夂夕勹子又匚小夕凵夂匕丿匸夂刀二入厂卜丿匸力

9 ①

✳❀❄❁❃❀❋✳✳✱✳✳✱✿❅❃✱❋✳✳

10 ②

♛♚♙♟♔♦♡♛♚▜♡◇♙♟♛♟♦♟♠♡♠◲

11 ①
℃ = 15, ▽ = 6, ◈ = 13, ♧ = 7, ◆ = 17 →맞음

12 ①
£ = 9, ♥ = 4, ♌ = 2, Å = 3, ₩ = 19 →맞음

13 ①
▼ = 5, ■ = 12, ☆ = 1, ¥ = 10, ♨ = 14 →맞음

14 ②
□ = 20, ◈ = 13, ♧ = 8, **우 = 11**, ℃ = 15, ▽ = 6
→틀림

15 ②
◈ = 13, ♧ = 7, ★ = 18, **£ = 9**, ₩ = 19, ◇ = 16
→틀림

16 ①
b = ㅈ, ♛ = ㅡ, ♙ = ㅅ, ♔ = ㅋ, ♯ = ㄷ →맞음

17 ②
♛ = ㅁ, ♣ = ㅏ, ♬ = ㅊ, **♂ = ㄴ**, b = ㅈ →틀림

18 ②
♬ = ㅊ, ♟ = ㅜ, ♔ = ㅋ, ♪ = ㅗ, **♩ = ㅎ**, ♫ =
ㅍ →틀림

19 ①
♭ = ㄱ, ♩ = ㅎ, ☀ = ㅂ, ♛ = ㅡ, ☂ = ㅓ, ♘ =
ㅇ →맞음

20 ①
♒ = ㅌ, ♜ = ㅣ, ♬ = ㅊ, ☂ = ㅓ, b = ㅈ, ♖ =
ㄹ, ♂ = ㄴ →맞음

21 ①
k = 의, n = 다, s = 연, j = 라, i = 고 →맞음

22 ①
q = 전, o = 설, m = 컵, j = 라, r = 착 →맞음

23 ①
j = 라, p = 숙, s = 연, n = 다, q = 전 →맞음

24 ②
r = 착, o = 설, k = 의, s = 연, n = 다, **j = 라**→
틀림

25 ②
s = 연, k = 의, i = 고, n = 다, **q = 전**, m = 컵→
틀림

26 ③
519**7**2**7**348438**7**51681**7**25491**7**59**7**19

27 ③
의 광야에서 목 **놓아** 부르게 하리라

28 ③
이 마을 전**설**이 주저**리**주저**리 열리**고

21

29 ③

∨Ǝ∈⊏⊃∧∩∬∨△⊏∬∪∀Ǝ⊏⊇Σ∧Ǝ

30 ③

I **m**ust finish it by to**m**orrow no **m**atter what

>> 언어논리

1 ④

④ 수나 분량 따위를 본디보다 많아지게 하거나 무게를 더 나가게 하다.
① 힘이나 기운, 세력 따위를 이전보다 큰 상태로 만들다.
② 재주나 능력 따위를 나아지게 하다.
③ 시간이나 기간을 길게 하다.
⑤ 살림을 넉넉하게 하다.

2 ②

② 노력이나 기술 따위를 들여 목적하는 사물을 이루다.
① 글이나 노래를 짓거나 문서 같은 것을 짜다.
③ 규칙이나 법, 제도 따위를 정하다.
④ 돈이나 일 따위를 마련하다.
⑤ 틈, 시간 따위를 짜내다.

3 ③

③ 어떤 경우, 사실이나 기준 따위에 의거하다.
① 좋아하거나 존경하여 가까이 좇다.
② 앞선 것을 좇아 같은 수준에 이르다.
④ 어떤 일이 다른 일과 더불어 일어나다.
⑤ 관례, 유행이나 명령, 의견 따위를 그대로 실행하다.

4 ④

㉠ 누군가 가거나 와서 둘이 서로 마주 보다.
① 산이나 길, 강 따위가 서로 마주 닿다.
② 어떤 사실이나 사물을 눈앞에 대하다.
③ 어떤 일을 당하다.
⑤ 어디를 가는 도중에 비, 눈, 바람 따위를 맞다.

5 ②

⊙ 모임이나 회의 따위를 시작하다.

① 닫히거나 잠긴 것을 트거나 벗기다.

③ 사업이나 경영 따위의 운영을 시작하다.

④ 새로운 기틀을 마련하다.

⑤ 자기의 마음을 다른 사람에게 터놓거나 다른 사람의 마음을 받아들이다.

6 ②

② 온고지신(溫故知新) : 옛것을 익히고 그것을 미루어서 새것을 앎.

① 전전반측(輾轉反側) : 누워서 몸을 이리저리 뒤척이며 잠을 이루지 못함.

③ 낭중지추(囊中之錐) : 주머니 속의 송곳이라는 뜻으로, 재능이 뛰어난 사람은 숨어 있어도 저절로 사람들에게 알려짐을 이르는 말.

④ 후안무치(厚顔無恥) : 뻔뻔스러워 부끄러움이 없음.

⑤ 구곡간장(九曲肝腸) : 굽이굽이 서린 창자라는 뜻으로, 깊은 마음속 또는 시름이 쌓인 마음속을 비유적으로 이르는 말

7 ⑤

문제에서 '결코'는 '~하지 않는다.'처럼 부정의 서술어와 호응을 해야 하기 때문에 '내가 그를 만난 것은 결코 우연한 일이 아니었다.'로 고쳐야 한다.

⑤ 부사어 '별로'는 부정의 서술어와 호응해야 하므로 '그 사람은 외모는 몰라도 성격은 별로 변한 것 같지 않다.'로 해야 맞다.

8 ②

② 거미가 실을 뽑아내는 부위에 대한 설명이 없으므로 ②는 알 수 없다.

9 ③

③ '휴대 전화가 멀고 낯선 세계를 글과 소리로 연결해 준다는 점에서 소통의 폭과 깊이를 더하는 기능을 한다고 볼 수 있다'는 내용을 통해 화자는 휴대 전화를 소통적인 측면에서 긍정적으로 바라보고 있음을 알 수 있다.

10 ①

물레를 이용하여 도자기를 빚을 때, 정신을 집중해야 한다는 내용은 ②, 도자기를 급히 말리면 갈라지므로 천천히 건조시켜야 한다는 내용은 ③, 도자기 모양을 빚는 것이 어렵더라도 꾸준히 계속해야 한다는 내용은 ④, 도자기 제작 전에 자신이 만들 도자기의 모양과 제작 과정을 먼저 구상해야 한다는 내용은 ⑤이다.

11 ①

햇빛이 처마와 만나 이루는 각도의 중간 지점에 창을 낸다는 내용을 통해 ①번이 틀린 것을 알 수 있다.

12 ④

주어진 글에서는 햇빛과 바람을 고려하여 지어진 한옥의 특징에 대해 설명하며 한옥 구조의 원리를 분석하고 있다.

13 ①

주어진 글에서는 오세창의 막내아들 오일룡 씨의 증언을 통해 신빙성을 부여하고 있다.

14 ④

마지막 문단을 통해 우리 문화유산 수집, 문화유산을 통한 미술사 연구, 후손에게 전통문화의 우수성 전달이 일생을 건 싸움에 해당됨을 알 수 있으며, 외국의 문화재 보호와 관련된 내용은 주어진 글에서 확인할 수 없다.

15 ④

이 글은 미래에 소비될 에너지양에 대해서는 언급하고 있지 않다.

16 ③

이 글은 화석 연료 사용의 문제점을 지적하고 재생 가능 에너지를 통해 인류의 에너지 문제를 해결해야 한다고 말하고 있다. 그러므로 이 글이 에너지 문제를 우리나라만의 문제로 제한했다고 이해하는 것은 적절하지 못하다.

17 ②

인터넷 뉴스를 유료화하면 인터넷 뉴스를 보는 사람의 수는 줄어들 것이다.

18 ⑤

뉴스의 질이 떨어지는 원인이 근본적으로 독자에게 있다거나, 그 해결 방안이 종이 신문 구독이라는 반응은 글의 내용을 올바로 이해한 반응이라고 보기 어렵다.

19 ③

③ 가난한 국가의 국민일수록 행복감이 높다는 것은 이스털린의 국가별 비교 조사 결과와 어긋나는 정보이다.

20 ①

① 행복은 어느 정도의 소득이 필요한 것이기는 하지만 반드시 소득과 정비례의 관계에 있지 않음을 알 수 있다.

21 ③

㉠~㉣은 법률, 도덕, 관습을 준수하는 행위로, 모두 인간의 행위가 사회적 규약의 제약을 받는다는 것을 서술하기 위한 내용에 해당된다.

22 ④

주어진 속담은 어떠한 일에 착수하거나 그것을 시행 또는 실천하여 노력함으로써 결실을 얻을 수 있음을 의미한다.

23 ⑤

담그다 … '액체 속에 넣다.' 혹은 '김치·술·장·젓갈 따위를 만드는 재료를 버무리거나 물을 부어서, 익거나 삭도록 그릇에 넣어 두다.'

24 ③

① 액체 따위를 끓여서 진하게 만들다, 약제 등에 물을 부어 우러나도록 끓인다는 뜻이며 간장을 달이다, 보약을 달이다 등에 사용된다.

② '줄다'의 사동사로 힘, 길이, 수량, 비용 등을 적어지게 한다는 의미이다.

④ 어떤 사건에 휩쓸려 들어가다, 다른 사람이 하고자 하는 어떤 행동을 못하게 방해한다는 의미의 동사 또는 물기가 다 날아가서 없어진다는 의미인 마르다의 사동사이다.

⑤ '졸다'의 사동사 또는 속을 태우다시피 초조해하다의 의미를 갖는다.

25 ④

① 허위적허위적 → 허우적허우적
② 괴퍅하다 → 괴팍하다
③ 미류나무 → 미루나무
⑤ 닐리리 → 늴리리

>> 자료해석

1 ①

주어진 수열은 4n+11(n=1, 2, 3 …)의 값이 10의 자리 수의 값만큼 반복되어 나열되는 규칙을 가지고 있다. 43은 n의 값이 8이며, n의 값이 7인 39가 마지막으로 나오는 15번째 다음 16번째에 처음 나온다.

2 ④

주어진 수열은 2n+13(n=1, 2, 3 …)의 수가 n의 수만큼 반복되는 규칙을 가지고 있다. 33은 n의 값이 10인 수로 46번째 처음 나온다.

3 ②

주어진 수열은 +4, ×3, −2가 반복해서 수행되는 규칙을 가진다.

2 (+4) 6 (×3) 18 (−2) 16 (+4) 20 (×3) 60 (−2) 58 (+4) 62 (×3) 186 (−2) '184'

4 ②

집에서 극장까지의 거리를 xkm라고 하면

$\dfrac{x}{4} - \dfrac{10}{60} = \dfrac{x}{10} + \dfrac{17}{60}$
$9x = 27$
$x = 3$

5 ④

- 14명의 직원 중에서 임의로 뽑은 3명이 선택한 메뉴가 모두 돈까스일 확률은 $\dfrac{{}_3C_3}{{}_{14}C_3}$

- 14명의 직원 중에서 임의로 뽑은 3명이 선택한 메뉴가 모두 제육볶음일 확률은 $\dfrac{{}_5C_3}{{}_{14}C_3}$

- 14명의 직원 중에서 임의로 뽑은 3명이 선택한 메뉴가 모두 연어덮밥일 확률은 $\dfrac{{}_6C_3}{{}_{14}C_3}$

따라서 구하는 확률은

$\dfrac{\dfrac{{}_3C_3 + {}_5C_3}{{}_{14}C_3}}{\dfrac{{}_3C_3 + {}_5C_3 + {}_6C_3}{{}_{14}C_3}} = \dfrac{1+10}{1+10+20} = \dfrac{11}{31}$

6 ④

ⓐ $= 797 + 361 = 1,158$
ⓑ $= 1,637 - 433 = 1,204$
ⓒ $= 2,081 - 1,451 = 630$
ⓓ $= 2,582 - (556 + 361 + 433 + 399 + 630) = 203$

7 ②

㉠ 외국인 900명, 한국인 1,100명으로 한국인이 더 많다.
㉡ 미국인 직원 총 500명, 미국인 남성은 200명이다.
㉢ 일본인 직원 중 여성은 300명, 남성은 100명이다.
㉣ 미국인 남성 직원은 200명, 일본인 여성 직원은 300명이다.

우선 국적별 직원수를 구하면
일본인 $= 0.2 \times 2,000 = 400$ 명
미국인 $= 0.25 \times 2,000 = 500$ 명
한국인 $= 1,100$ 명

㉠ 미국인 남성은 전체 남성 직원수의 25%, 미국인 여성은 전체 여성 직원수의 25%이므로
전체 남성 직원수를 M, 여성 직원수를 F, 미국인 남성 직원수는 x, 미국인 여성 직원수를 y라 놓으면
$M = 4x$, $F = 4y$
$x + y = 500$ 명, $M + F = 2,000$ 명

㉡ 일본인 남성은 전체 남성 직원수의 12.5%, 일본인 여성은 전체 여성 직원수의 25%이므로
전체 남성 직원수를 M, 여성 직원수를 F, 일본인 남성 직원수는 X, 일본인 여성 직원수를 Y라 놓으면
$M = 8X$, $F = 4Y$
$X + Y = 400$ 명, $\dfrac{M}{8} + \dfrac{F}{4} = 400$ 명

㉠과 ㉡의 식을 통해
$M + F = 2,000$, $M + 2F = 3,200$
$M = 800$ 명, $F = 1,200$ 명

8 ③

제품 케이스의 경우 2kg 이하이므로 서울은 4,000원, 지방은 5,000원

서울만 12곳이라고 하면 48,000원이므로 성립 안 된다. 총 비용이 46,000원 들었으므로 서울만 본다면 최대 11곳인 44,000원이 성립되나 2,000원이 부족하게 되므로 서울 9곳, 지방 2곳으로 하면 36,000원, 10,000원이 되면 46,000원이 성립된다.

그러나 서울에 5개 보내는 비용과 지방에 4개 보내는 비용이 동일하므로 서울 4곳(16,000원), 지방 6곳(30,000원)이라는 경우도 성립한다.

전자 제품의 경우를 위의 두 경우에 대입하면 서울 4곳(20,000원), 지방 6곳(36,000원)으로 총 56,000원이 성립된다.

서울 9곳(45,000원), 지방 2곳(12,000원)으로 총 57,000원으로 성립되지 않는다.

그러므로 총 10곳이 된다.

9 ④

승차권의 특별 할인 이전의 가격을 x, 예매한 승차권의 가격을 X, 출발 당일 시각 전 취소 수수료는 30%이므로

$X = 0.6x$

환불받은 금액 = $0.6x \times 0.7 = 0.42x = 14,700$ 원

$x = \dfrac{14,700}{0.42} = 35,000$ 원

10 ①

회사택시 사고율 : $\dfrac{80}{1,000} \times 100 = 8\,(\%)$

지입택시 사고율 : $\dfrac{30}{500} \times 100 = 6\,(\%)$

개인택시 사고율 : $\dfrac{10}{300} \times 100 = 3.3\,(\%)$

따라서 가장 사고율이 높은 것은 회사택시이고, 낮은 것은 개인택시이다.

11 ②

총 사고율 : $\dfrac{120}{1,800} \times 100 = 6.6\,(\%)$

회사택시 사고부담률 : $\dfrac{8}{6.6} \times 100 = 121.2\,(\%)$

개인택시 사고부담률 : $\dfrac{3.3}{6.6} \times 100 = 50\,(\%)$

회사택시의 사고부담률은 개인택시의 사고부담률의 2.424배이다. 따라서 정답은 ②이다.

12 ④

총 사고율 : $\dfrac{120}{1,800} \times 100 = 6.6\,(\%)$

지입택시 사고부담률 : $\dfrac{6}{6.6} \times 100 = 90.9\,(\%)$

13 ③

제동거리 : 36m

공주거리 : $72 \times 1,000 \times \dfrac{1}{3,600} = 20\,(m)$

$\therefore 36 + 20 = 56\,(m)$

14 ④

D반의 평균을 x라 하고 전체 평균을 구하면

$\dfrac{\text{전체평균}}{\text{전체 학생수}} = \dfrac{(5 \times 30) + (7 \times 20) + (6 \times 30) + (x \times 20)}{30 + 20 + 30 + 20}$

$= \dfrac{150 + 140 + 180 + 20x}{100} = 6$

$\therefore x = 6.5$

15 ④

여사건의 확률 … 사건 A가 일어날 확률 = 1 − 사건 A가 일어나지 않을 확률

따라서 전체 1에서 1시간 이상, 지하철일 확률 $\dfrac{64}{312}$를 빼면 $\dfrac{248}{312}$이 된다.

16 ③

기준 타수가 36개이므로

갑은 기준 타수보다 2개 적으므로 $34 - 36 = -2$

x가 두 개 있으므로 $x = -1$

병은 타수 합계가 36이고 x가 1개, y도 1개 있으므로

$x = -1$이므로 $y = 1$이 되어 기준 타수 = 개인 타수

을은 x가 1개, y가 2개이므로 기준타수에 $+1$을 해

야 하므로 37타가 된다.

㉠ $x = -1$이므로 1타 적게 친 것을 의미한다.

㉡ 9개 홀의 타수의 합은 갑은 34, 을은 37이므로 다

르다.

㉢ 세 선수 중에서 타수의 합이 가장 적은 선수는 갑

이 맞다.

17 ②

전체 학생의 수는 100명이므로 이 중 10명은 휴대전

화도 노트북도 없으므로 90명

휴대전화와 노트북을 1개라도 가지고 있는 학생의 수

는 $75 + 40 = 115$명

$115 - 90 = 25$명

18 ③

경기도 도서관시설 정비예산은 총 $1,000,000,000$원

경기도 A, B, C 지역이 총 출입건수는

$3,000 + 4,500 + 2,500 = 10,000$건

출입건당 책정예산을 구하면

$1,000,000,000 \div 10,000 = 100,000$원

A지역 출입건수 예산

$= 3,000 \times 100,000 = 300,000,000$원

B지역 출입건수 예산

$= 4,500 \times 100,000 = 450,000,000$원

C지역 출입건수 예산

$= 2,500 \times 100,000 = 250,000,000$원

주민 1인당 책정되는 예산

A지역 $= 300,000,000 \div 30,000 = 10,000$원

B지역 $= 450,000,000 \div 50,000 = 9,000$원

C지역 $= 250,000,000 \div 40,000 = 6,250$원

19 ②

자기자본 = 발행 주식 수 × 액면가이므로

발행 주식 수 $= \dfrac{\text{자기자본}}{\text{액면가}}$

A 기업의 발행 주식 수 $= \dfrac{100,000}{5} = 20,000$

B 기업의 발행 주식 수 $= \dfrac{500,000}{5} = 100,000$

C 기업의 발행 주식 수 $= \dfrac{250,000}{0.5} = 500,000$

D 기업의 발행 주식 수 $= \dfrac{80,000}{1} = 80,000$

주당 순이익 $= \dfrac{\text{순이익}}{\text{발행 주식 수}}$ 이므로

A 기업의 주당 순이익 $= \dfrac{10,000}{20,000} = 0.5$

B 기업의 주당 순이익 $= \dfrac{200,000}{100,000} = 2$

C 기업의 주당 순이익 $= \dfrac{125,000}{500,000} = 0.25$

D 기업의 주당 순이익 $= \dfrac{60,000}{80,000} = 0.75$

자기자본 순이익률 $= \dfrac{\text{순이익}}{\text{자기자본}}$ 이므로

A 기업의 자기자본 순이익률 $= \dfrac{10,000}{100,000} = 0.1$

B 기업의 자기자본 순이익률 $= \dfrac{200,000}{500,000} = 0.4$

C 기업의 자기자본 순이익률 $= \dfrac{125,000}{250,000} = 0.5$

D 기업의 자기자본 순이익률 $= \dfrac{60,000}{80,000} = 0.75$

㉠ 주당 순이익은 C 기업이 가장 낮다.

㉡ 주당 순이익이 높을수록 주식가격이 높다.

㉢ B 기업의 발행 주식 수는 A 기업의 발행 주식 수

의 5배이다.

㉣ 자기자본 순이익률이 클수록 1원의 자기자본에 대

한 순이익이 높으므로 D 기업이 가장 높고, A 기

업이 가장 낮다.

20 ①

전체 상대도수 1.00에서 나머지 계급의 상대도수를 빼면 0.25가 되므로 B의 값을 구할 수 있다.

또한 '도수의 총합=그 계급의 도수÷상대도수'이므로 $E = 200$

E의 값을 구했으므로 대입하면

$\dfrac{A}{200} = 0.25\,(B)$이므로 $A = 50$

같은 방식으로 계산하면 $\dfrac{C}{200} = 0.30$, $C = 60$,

$\dfrac{D}{200} = 0.35$, $D = 70$

$A + D = 50 + 70 = 120$

계급	도수	상대도수
10~20	20	0.10
20~30	50	0.25
30~40	60	0.30
40~50	70	0.35
전체	200	1.00